ASILE PUBLIC D'ALIÉNÉS DE PAU.

COLONIE AGRICOLE

DE SAINT-LUC

ET

PROJET DE TRANSLATION

DE

L'ASILE DE PAU

SUR LES TERRAINS DE CETTE COLONIE.

COMPTE-RENDU MORAL, ADMINISTRATIF ET MÉDICAL

DU SERVICE DE L'ÉTABLISSEMENT.

Exercice 1862.

Par le Docteur Th. AUZOUY,

Directeur-Médecin de l'Asile public d'aliénés de Pau, membre correspondant
de la Société médico-psychologique, de la Société d'hydrologie
médicale de Paris, des Sociétés de medecine de Metz, Rodez, Nancy, etc.

PAU,
IMPRIMERIE ET LITHOGRAPHIE DE É. VIGNANCOUR.

1863.

ASILE PUBLIC D'ALIÉNÉS DE PAU.

COLONIE AGRICOLE

DE SAINT-LUC

ET

PROJET DE TRANSLATION

DE

L'ASILE DE PAU

SUR LES TERRAINS DE CETTE COLONIE.

COMPTE-RENDU MORAL, ADMINISTRATIF ET MÉDICAL

OU SERVICE DE L'ÉTABLISSEMENT.

Exercice 1862.

Par le Docteur Th. AUZOUY,

Directeur-Médecin de l'Asile public d'aliénés de Pau, membre correspondant
de la Société médico-psychologique, de la Société d'hydrologie
médicale de Paris, des Sociétés de médecine de Metz, Rodez, Nancy, etc.

PAU,
IMPRIMERIE ET LITHOGRAPHIE DE É. VIGNANCOUR.

1863.

A M. G. d'AURIBEAU,

PRÉFET DES BASSES PYRÉNÉES.

A MM. les Membres du Conseil général.

A MM. les Membres de la commission de surveillance de l'Asile public d'aliénés de Pau. [1]

HOMMAGE RESPECTUEUX.

Th. AUZOUY.

[1] *Noms de MM. les Membres de la commission de surveillance :*

MM. JULIEN, conseiller à la cour impériale, *président.*
DALEMAN, conseiller à la cour impériale.
MANES, médecin inspecteur adjoint des Eaux-Bonnes.
L. DE RESSÉGUIER, conseiller de Préfecture.
DE MENVIELLE, juge d'instruction, *secrétaire.*

COLONIE DE SAINT-LUC

SUCCURSALE AGRICOLE ANNEXÉE A L'ASILE DE PAU.

Fondation de la Colonie.—Organisation du travail.

Lorsqu'au commencement de 1860 nous avons été appelé à la direction médicale et administrative de l'Asile de Pau, nous nous sommes trouvé en présence d'une excellente situation financière. Grâce à la prévoyante administration de notre prédécesseur, M. le docteur Chambert, le reliquat disponible à la fin de l'exercice 1859 s'élevait à 62,977 fr. 38 c.

Mais à cette époque l'établissement avait à pourvoir à des nécessités urgentes, dont une partie était déjà en cours d'exécution.

En première ligne venait la construction 1.° de deux infirmeries; 2.° de deux vastes dortoirs, qui ont porté de 260 à 370 le nombre des places disponibles pour une population toujours croissante, et 3.° d'une galerie de communication, dont l'étage supérieur a été utilisé pour une chapelle destinée à la célébration du culte religieux.

Cette dépense devait absorber presqu'en totalité les ressources précitées; elle s'est élevée en effet à la somme de 59,344 fr. 11 c., y compris les honoraires alloués à l'architecte.

Cependant, l'exiguité du terrain sur lequel l'Asile est bâti, dans l'intérieur de la ville, rendait très-désirable la création d'une annexe rurale offrant des terrains propres à la culture. Frappé des inconvénients résultant du défaut d'espace, et du désœuvrement de la plupart de nos malades, nous avons tout d'abord cherché à leur procurer les moyens de se livrer à des occupations professionnelles ou agricoles.

L'installation d'ateliers professionnels, dont il n'existait que quelques rudiments, vint bientôt exonérer l'Asile de l'appel fréquent et coûteux des ouvriers du dehors. Nous avons pensé qu'il était de bonne administration de choisir autant que possible des infirmiers aptes à l'exercice d'un métier, et capables de diriger les aliénés dans leurs travaux manuels. Dès que nous avons eu des infirmiers tailleurs, tisserands, serruriers, charpentiers, cordonniers, l'essor a été donné, et nos ateliers ont reçu la plus vive impulsion, au grand contentement de nos malades, au grand avantage de nos services économiques. Peu à peu les aptitudes de certains aliénés nous ont permis de joindre aux industries ci-dessus la ferblanterie, la tonnellerie, l'ébénisterie, la maçonnerie, la peinture, la vitrerie, etc., de telle sorte que pour la plupart des réparations et pour la confection de bon nombre de meubles ou d'objets divers, l'établissement se suffit à lui-même.

Procurer du travail aux femmes était chose moins facile : la construction d'un vaste ouvroir, effectuée en entier par nos aliénés, permet actuellement de réunir 50 ouvrières en linge dans la même salle. Dans les sections, les malades impropres aux travaux d'aiguille ou de ménage filent à la quenouille le chanvre destiné à alimenter les métiers de nos tisserands; d'autres tricotent, brodent ou raccomodent les vieux effets.

Le défaut de ressources suffisantes semblait nous interdire l'acquisition d'une ferme rurale, et notre visite dans plusieurs propriétés des environs de Pau ressemblait presque, dans le principe, à la poursuite d'une chimère ou d'une utopie.

Cependant une ferme s'offrit à nous, qui par sa situation, son étendue, sa courte distance de la ville, nous parut réunir les conditions les plus favorables à l'érection de l'annexe agricole dont il importait de doter l'Asile. La prendre en location, c'était s'exposer à perdre à fin de bail toute la plus-value produite par notre exploitation et à en laisser tout le profit à son propriétaire; l'acquérir immédiatement, était un rêve irréalisable devant les charges qui incombaient à nos budgets. Un bail à loyer de six ans, avec promesse de vente avant ou à son expiration, à un prix déterminé et arrêté d'avance, fut la seule solution praticable du problème que nous avions à résoudre.

Autorisé et encouragé par M. Pron, alors préfet du département, aidé de la coopération active et éclairée de MM. les membres de la commission de surveillance, nous avons pu conclure un traité qui assurait la jouissance immédiate de l'immeuble à l'Asile, et qui lui en garantit la propriété dès qu'il sera en mesure d'en acquitter le prix d'achat (60,000 fr.)

Le 2 novembre 1860, nous installions à la ferme dite de St-Luc, sous le vocable du patron religieux de l'Asile, un surveillant ou régisseur sous les ordres duquel nous avons placé un jardinier, un valet de ferme, un charretier, et l'un des infirmiers de l'Asile, appelés à tour de rôle chaque mois à y faire un service de surveillance. Le nombre des malades travailleurs ou convalescents, limité d'abord à 5, puis porté à 12, est actuellement de 22, composant notre colonie agricole depuis l'appropriation des locaux. A cet effectif va se joindre tous les jours une escouade aussi nombreuse que possible d'autres travailleurs, conduits par plusieurs infirmiers, qui les ramènent le soir à l'établissement. La plupart des aliénés participent ainsi tour à tour aux avantages de la vie agricole et du travail à l'air libre.

Lorsque le temps le permet, la division des femmes envoie aussi à St-Luc un contingent considérable, chargé des sarclages et de la levée de certaines récoltes.

Enfin les pensionnaires des deux sexes trouvent là un but de promenade à pied ou en voiture, qui les distrait de leurs préoccupations délirantes et récrée leurs imaginations malades. Le site de cette ferme, à l'Est et à 2 kilomètres de la ville de Pau, faisant face au Midi à toute la chaîne Pyrénéenne, est vraiment admirable. Le ruisseau le Hédas traverse la propriété vers son milieu, et sert très-utilement à l'irrigation des prairies. L'eau est partout abondante à St-Luc, et dans le vaste potager de 4 hectares, que nous y avons disposé et planté; cinq puits creusés par nos colons assurent un copieux arrosement pendant les plus fortes chaleurs.

Une belle avenue bordée de vieux chênes conduit de la route impériale aux bâtiments de la ferme, où en outre des locaux appropriés pour la colonie se trouvent de vastes étables peuplées de vaches laitières de la race de Lourdes, des greniers à foin et à denrées, des écuries pour les chevaux, des hangars ou remises, un pigeonnier et une porcherie. A l'est du domaine ont été établies selon les préceptes les plus récents de l'art agricole de grandes fosses bétonnées pour l'élaboration des engrais et autres matières fertilisantes.

L'étendue du domaine occupé par l'Asile, limitée d'abord à 18 hectares, atteint aujourd'hui près de 20 hectares par suite de l'achat d'une parcelle enclavée en partie dans son périmètre. Bien que nous eussions pu rigoureusement désirer une plus vaste surface, nous trouvons là cependant des éléments très suffisants pour utiliser l'activité de nos travailleurs, jusqu'alors étroitement sequestrés dans l'intérieur de la ville sur un îlot de deux hectares, dominé par les maisons des rues voisines, offrant à peine quelques ares de potager, et des préaux sans vue, sinon sans ombrages.

La moyenne des travailleurs ruraux s'accroît constamment, grâce à la contagion de l'exemple, et au bien-être immédiat que les malades en retirent. Les aliénés valides recherchent avec empressement les occupations agricoles, et ceux qui y sont admis témoignent par leur entrain et par leur gaîté une vive satisfaction de cette demi-liberté. Nous assistons journellement à de promptes mo-

difications de cet état de dépression qu'apportent certains malades
en entrant à l'Asile, et qu'entretient quelquefois une trop étroite
séquestration. Aucune clôture effective et capable de s'opposer à
une évasion n'environne la ferme St-Luc; néanmoins les évasions
y sont rares. Il est à remarquer d'ailleurs que celles qui pourraient s'y produire seraient moins regrettables que les évasions
effectuées à l'Asile même. En effet, nos colons sont tous ou des
aliénés paisibles et inoffensifs, ou des convalescents trop impatients
peut-être de retrouver leurs foyers, mais dont l'évasion ne ferait
que devancer la sortie régulière plus ou moins prochaine. Nous
nous efforçons d'y rendre la surveillance de jour en jour plus
exacte et plus vigilante.

Nous n'insisterons pas sur les avantages thérapeutiques résultant
de la colonisation agricole appliquée au traitement de l'aliénation
mentale. C'est une question aujourd'hui résolue, et sur laquelle tout
le monde est d'accord. Il nous suffit d'énoncer ce fait que depuis
deux ans la presque totalité des aliénés sortis guéris de l'Asile de
Pau avaient figuré parmi les travailleurs ruraux, et que le nombre
des guérisons solides et durables a reçu un sensible accroissement.
C'est du moins ce que nous avons cherché à faire ressortir dans
nos rapports médicaux.

Dépenses et Recettes de la colonie.

Non seulement la colonie St-Luc est un puissant élément de médication pour nos aliénés, mais elle est encore, comme nous allons le démontrer, une bonne spéculation pour l'établissement. Elle
fait partie intégrante de l'Asile, dont elle est une dépendance directe, quoique distincte. Ses recettes, comme ses dépenses, figurent au budget de l'Asile, et dans nos comptes administratifs se
trouve implicitement tout ce qui, au point de vue financier, peut
se rapporter à notre colonie rurale. Toutefois, il nous a semblé
qu'au début d'une exploitation de ce genre, il ne serait pas sans

intérêt d'exposer à part les données spéciales qui s'appliquent à la ferme St-Luc, et d'entrer dans le détail des opérations exclusivement afférentes à cette nouvelle création.

Pendant la première année de notre exploitation, les dépenses, on le comprend aisément, ont dû dépasser de beaucoup les recettes. Aucune illusion n'était permise à cet égard, et dès 1860, nous pressentions que l'année 1861 serait, relativement à la nouvelle fondation, une période de sacrifices prévus et d'installation dispendieuse, mais nous ajoutions qu'à notre avis les années subséquentes nous dédommageraient rapidement de nos premiers sacrifices. Examinons si les faits ont répondu à notre attente :

A la fin de l'exercice 1861 les dépenses de la ferme s'élevaient à.. 18,789ᶠ 43ᶜ
et les recettes à 11,675 32
_____
d'où résultait un excédant de dépenses de.......... 7,114ᶠ 11ᶜ

Cet excédant de dépenses de 7,114ᶠ 11ᶜ représente le sacrifice pécuniaire supporté par l'établissement pour organiser sa colonie agricole.

Pour rester dans le vrai nous devons ajouter à cette somme de 7,114ᶠ 11ᶜ celle de 3,121ᶠ 23, appliquée en outre en 1861 à des dépenses exceptionnelles et ne devant pas se reproduire, ce qui porte en tout à 10,235ᶠ 34ᶜ la dépense totale faite à St-Luc pour l'installation, l'aménagement des locaux, l'amélioration des races d'animaux, le complément du cheptel, et l'entrée en jouissance.

La dépense totale de 1861, savoir.............. 18,789ᶠ 43ᶜ
étant allégée des dépenses exceptionnelles d'installation.. 10,235 34
_____
Il reste pour la dépense ordinaire ou d'exploitation... 8,554ᶠ 09ᶜ

Cette somme, défalquée du total des recettes, laisserait ressortir pour 1861, première année de notre exploitation, un boni de 3,121ᶠ 23ᶜ.

Mais ce sont les résultats de 1862 qui méritent surtout de fixer

notre attention. Ici le boni est palpable et a été réellement en-
caissé. Voici le détail des opérations afférentes à l'exercice 1862 :

Recettes de la ferme St-Luc.

				MONTANT.
1° Produits vendus au dehors.				
Blé.........................	1,100ᵏ	0ᶠ 30ᶜ 1/5	332ᶠ 29	
Maïs......................	35ʰ	12 47 14	436 50	
Légumes divers...............	508ᵏ	0 09 18	46 65	911ᶠ 44
Peaux de veaux..............	3 pièces	5 33 1/3	16 00	
Pigeons....................	20 pièces	0 83 3/4	16 75	
Vieux char à 4 roues et autres ins-truments aratiques hors de service.	10 pièces	....	63 25	
2° Produits consommés par l'Asile.				
Légumes divers.............	21,582ᵏ	0 09 18	1,981 25	
Bois de charpente............	4ᵐ 357ᶜ	36 00	156 85	
Bois de menuiserie...........	29ᵐ 600ᶜᵃʳ	1 64 1/2	48 70	
Bois de chauffage............	12 stères	9 00	108 00	
Haricots....................	770ˡⁱᵗ	0 25	192 50	
Pommes de terre............	9,200ˡⁱᵗ	0 12	1,104 73	
Graisse de porc fondue........	201ᵏ	1 85	371 85	
Jambon.....	180ᵏ	1 70	306 00	6,872 37
Salé.....................	44ᵏ	1 85	81 40	
Porc frais.................	541ᵏ 200	1 00	541 20	
Lait.......................	8,262ˡⁱᵗ 090	0 20	1,652 38	
Beurre....................	43ᵏ 760	1 20	52 51	
Œufs......................	1,373 œufs	0 05	68 65	
Viande de boucherie (1).......	139ᵏ 800	0 80 54	112 60	
Volaille....................	59 pièces	1 57 1/5	92 75	
Plume de volaille.............	2ᵏ	0 50	1 00	
3° Produits réservés pour la consommation de la ferme.				
Avoine.....................	4,900ˡⁱᵗ	0 13	637 00	
Betterave champêtre...........	8,577ᵏ	0 02	171 54	
Blé (pour être ensemencé).....	300ˡⁱᵗ	0 26	78 00	
Carotte champêtre...........	2,626ᵏ	0 03	78 78	
Dépouille de maïs.............	740ᵏ	0 06	44 40	
Feuilles fourragères...........	1,700ᵏ	0 04	68 00	
Foin.......................	11,772ᵏ	0 06	706 32	
Fumier.....................	387ᵐᶜ 800	5 00	1,789 00	
Genêts.....................	4 voitures	10 00	40 00	5,060 79
Glands.....................	100ˡⁱᵗ	0 04	4 00	
Luzerne....................	970ᵏ	0 10 1/5	98 94	
Maïs (2)....................	1,821ˡⁱᵗ	0 12 2/3	231 13	
Fourrage vert...............	7,382ᵏ	0 05 6/7	432 92	
Paille......................	7,740ᵏ	0 02 4	185 76	
Regain.....................	4,200ᵏ	0 06	252 00	
Tiges de maïs...............	6 voitures	1 50	9 00	
Trèfle......................	1,600ᵏ	0 06	96 00	
Vesces.....................	2,300ᵏ	0 06	138 00	
		A reporter......		12,844 60

(1) Produit de 3 veaux abattus.
(2) Pour ensemencer et pour la nourriture des animaux.

Report....... 12,844ᶠ 60

A QUOI IL Y A LIEU D'AJOUTER :

1° Recettes accidentelles encaissées. 400ᶠ 00
2° Bénéfices réalisés sur le transport à l'Asile des aliénés du département des Hautes-Pyrénées. Traité passé avec ce département)........ .... 91 70
3° Achat d'animaux suivant détail à l'article 3 des dépenses de la ferme.............. .... 595 00
4° Plus-value sur les animaux suivants : } 3,817 22
    6 porcs... .... 1,300 (1)
    3 génisses.................. 275 } 1,775 00
    1 poulain.... .... 200 (2)
5° Valeur du matériel d'exploitation acheté dans l'année. 655 52
6° Valeur actuelle de la pépinière créée à l'aide d'une partie de la somme de 618 fr. 27 c., qui figure à l'article 6 des dépenses.................... 300 (3)

TOTAL des Recettes............... 16,661ᶠ 82

Dépenses de la ferme St-Luc.

Personnel d'exploitation.

			MONTANT.
1° 4 EMPLOYÉS.	Surveillant agricole Jardinier......... Valet .... Charretier	Traitement des 4 employés 1,338ᶠ 00 Nourriture id. 1,400 00 Chauffage du surveillant 18 00 Eclairage id. 12 20 } 2,768ᶠ 20	} 3,118ᶠ 50
2° ALIÉNÉS TRAVAILLEURS.	2,636 journées de travail à 0ᶠ 10ᶜ 263 60 Supplé¹ de nourriture (pain et vin) 86 70	350 30	
3° ACHAT D'ANIMAUX.	Cheval de trait............... 1 pour 425 00 Porcs (race craonnaise et du périgord) 4 pour 170 00	595 00	

Sur 23 animaux appartenant aux races bovine, chevaline et porcine existant au 1ᵉʳ janvier 1862, il en restait seulement 19 au 31 décembre 1862 par suite de vente ou d'abattage. La porcherie, entreprise d'abord sur une trop grande échelle, a dû être diminuée. Le mouvement de ces animaux dans l'année a produit 7,057 journées de présence, ce qui fait ressortir une moyenne de 19 animaux 1/3 par jour à nourrir. Leur dépense s'est élevée à la somme de 3,985 fr. 11 c. soit 206 fr. 24 c. par an et par

A reporter..... | 3,713 50

(1) Les 6 porcs abattus en janvier 1863, ont rapporté 1,412 fr. 91 c.
(2) Évaluation inférieure à la valeur réelle.
(3) Même observation.

animal . et par jour 56 centimes deux tiers,
savoir :

4° NOURRITURE ET ENTRETIEN DES ANIMAUX.

Avoine........	6,535ˡ	Récolté, à.......	0ᶠ 13ᶜ	849ᶠ 55	
Betterave champ.	5,778ᵏ	— à.......	0 02	115 56	
Carotte champêt.	5,671	— , à.......	0 03	170 13	
Dépouille de maïs	1,088	— à.......	0 06	65 28	
Feuilles fourrag^res	2,222	— à.......	0 04	88 88	
				(1)	
Foin..........	8,776 700	{ — 6,045ᵏ à . .	0 06	362 70	
		{ acheté 2,731 700 à	0 08.9	244 15	
Paille.........	5,652	{ récolte 5,002 à....	0 02.4	120 05	
		{ acheté 650 à ...	0 05.6	36 40	
Regain........	8,371	{ récolté 4,741 à ..	0 06	284 46	3,985 11
		{ acheté 3,630 à ...	0 09.5	345 80	
Gênets........	15 v^res	{ récolté 2 voitures à	10 00	20 00	
		{ acheté 13 id. à	9 00	117 00	
Glands........	100ˡ	récolté, à.......	0 04	4 00	
Lavures........	546ʰ	— à.......	0 05.5	30 03	
Maïs..........	2,372ˡ	— à........	0 12.5	296 50	
Fourrage vert...	7,382ᵏ	— à........	0 06	442 92	
Vesces...........	2,300ᵏ	récolté........	0ᶠ 06ᶜ	138ᶠ 00	
Luzerne..........	970	récolté........	0 10.1/5	51 85	
Son de blé.......	550	acheté........	0 15	82 50	
Ferruies, soins vétérinaires et autres frais accessoires.				119 35	

5° MATÉRIEL D'EXPLOITATION.

Matériel..........	{ acheté........................	555 52	655 52
	{ confectionné par l'asile..........	100 00	

6° SEMENCES ET PLANTATIONS.

Graines potagères et fourragères, arbres fruitiers et autres....   618 27

7° ENGRAIS.

Fumier récolté..... 357 mètres 800ᵐ cube à 5 fr....	1,789 00	1,798 00
Tiges de maïs récoltées 6 voitures à 1 fr. 50 c........	9 00	

8° APPROPRIATION DES BATIMENTS.

Maçonnerie...   102 98

9° ENTRETIEN DES HARNAIS.

Réparation, cirage, etc., etc...............................   32 65

10° ÉCLAIRAGE ET CHAUFFAGE.

Huile à brûler.....	44ᵏ	à 1ᶠ 47ᶜ	64 68	
Bougie..........	0 500	à 3 05..............	1 52	153 20
Bois de chêne.....	3 stères	à 9 00..............	27 00	
Fagots...........	200	à 0 30..............	60 00	

A reporter.......... 11,059 23

(1) Les foins, pailles et regains achetés ont coûté beaucoup plus cher que n'ont valu ceux qui ont été récoltés. Une baisse considérable s'est manifestée au moment de la récolte des fourrages.

Report.......... 11,059ᶠ 23

11° ENTRETIEN DU CHARRONNAGE.

Journées d'ouvrier, réparations et fournitures.............. | 97 10

12° ASSURANCES CONTRE L'INCENDIE........ · 17 90

13° DÉPENSES DIVERSES.

Location de pompes pour curage de puits........... | 24 50 |
Frais de nourriture, droits d'octroi, soufre pour la | | 37 76
vigne , etc .... | 13 26 |

14° ENFIN, LOYER DE LA FERME.............·· 2,000 00

MONTANT DES DÉPENSES...ᴛ......... 13,211ᶠ 99

Récapitulation.

RECETTES........................... 16,661 fr. 82 c.

DÉPENSES............................. 13,211   99

Résultat en faveur de l'exploitation agricole en 1862.   3,449 fr. 83 c.

Nous avons compris dans les dépenses (n.° 14) une somme de 2,000 fr. représentant le prix de ferme payé au propriétaire, d'où il suit que si l'Asile eût été lui-même propriétaire, et que par conséquent il eût été exonéré du loyer de ce terrain, sa colonie agricole lui aurait rapporté, dès la deuxième année d'exploitation, la somme de 5,449 fr. 83 c.

Or, d'après des données que nous avons lieu de croire exactes, ce domaine rapportait seulement de 1,200 à 1,400 fr. nets, avant que l'Asile en eût pris possession.

De tout ce qui précède il est aisé de conclure que notre essai de colonisation a pleinement répondu à nos espérances, au point de vue financier, comme au point de vue moral. Dans une exploitation rurale où la main-d'œuvre et l'engrais ne coûtent rien, le succès le plus complet ne saurait être douteux.

L'utilité de l'acquisition définitive du domaine nous semble donc désormais démontrée. Elle a du reste été déjà résolue en principe par l'arrêté préfectoral du 10 juillet 1862, qui nous a autorisé à acquérir de suite d'un propriétaire voisin une parcelle de *un hectare trente-cinq ares*, destinée à régulariser notre périmètre. Les économies que nous avons réalisées depuis trois ans en vue de notre acquisition, laissent disponible, à la fin de l'exercice 1862, une somme de 56,541 fr. 70 c., et la diminution de prix de certaines denrées, nous permet d'espérer qu'à la fin de 1863, notre actif libre dépassera 86,000 fr. Il est donc à présumer que dès le commencement de 1864 l'Asile de Pau pourra, sans laisser en souffrance aucun de ses services, devenir propriétaire de la ferme St-Luc.

Réflexions sur les résultats de l'exploitation.

Qu'il nous soit un moment permis de supposer la ferme devenue la propriété de l'Asile. Puisque dans deux ans son produit a pu s'élever de 1,400 fr. à 5,450 fr., l'on peut bien admettre, sans se faire illusion, que lorsqu'elle aura reçu par le travail des aliénés, par l'engrais qu'on lui prodigue, par le drainage et les défrichements, par l'application soutenue des meilleures méthodes de culture, toutes les modifications dont elle est susceptible, la ferme St-Luc arrivera facilement à donner un produit net et annuel d'environ 10,000 fr. Elle atteindra donc aisément le taux de 15 pour 100, indiqué comme la moyenne du revenu d'un domaine où la main-d'œuvre et l'engrais sont abondants et gratuits.

Sans la nécessité impérieuse, que nous aurons occasion de faire ressortir, du transfèrement de l'établissement de Pau hors de son enceinte actuelle, le département, propriétaire de l'Asile, pourrait bientôt prétendre à un dégrèvement considérable dans la dépense d'entretien de ses aliénés. C'est en effet par l'essor donné à la culture que le département de la Meurthe a pu voir descendre son prix de journée à 0 fr. 86 c., et celui de Maine-et-Loire à 0 fr. 80 c. et même à 0 fr. 75 c. Un pareil avantage est évidemment réservé au département des Basses-Pyrénées, dès que l'institution dont ses sacrifices antérieurs l'auront doté, aura reçu son complément. En ce moment son prix de journée de 1 fr. représente à peine la dépense effective. Les bénéfices annuellement réalisés proviennent exclusivement des pensions payées par les familles, des pensions d'aliénés entretenus à des prix de journée plus rémunérateurs par les départements des Landes, des Hautes-Pyrénées, de la Seine, et enfin de l'exploitation agricole.

Ces éléments auront promptement suffi à doter l'Asile de son annexe ; ils suffiront aussi à assurer le service des intérêts des sommes à emprunter, pour l'érection du nouvel asile, sans imposer aucune charge au département.

Les revenus annuels de l'annexe contribueront pour une forte proportion à amener le résultat si désirable que nous poursuivons, la transformation d'une colonie distincte et séparée en un tout homogène réalisant les progrès scientifiques réclamés par l'époque où nous vivons, et évitant les exagérations auxquelles conduisent quelquefois les engouements irréfléchis et les systèmes trop exclusifs. Pau convertira donc, nous l'espérons, sa colonie St-Luc en une Ferme-Asile telle que la comprennent les hommes les plus compétents dont s'honore notre spécialité, et particulièrement MM. Parchappe, Girard de Cailleux, Billod, Falret, Constans, Baillarger, etc., dont les idées concordent si bien avec les faits que l'expérience nous a révélés.

Des divers modes de colonisation.

On a beaucoup discuté, dans ces derniers temps, sur la colonisation agricole appliquée au traitement des aliénés, et sur les résultats économiques ou thérapeutiques inhérents à cette innovation introduite dans la médecine mentale.

Une savante commission envoyée à Gheel, dans la Campine Belge, pour étudier l'application de ce système, a fait connaître par l'organe de M. le docteur Jules Falret les impressions qu'elle avait rapportées de cette excursion scientifique, et l'éloquent rapporteur a lu le 30 décembre 1861, devant la société médico-psychologique, les conclusions que cette réunion de médecins spécialistes avait pensé devoir formuler.

En 1861 et 1862 ont paru aussi de très intéressantes notices parmi lesquelles nous citerons 1° Celle de M. le Docteur Gustave Labitte sur la colonie rurale de Fitz-James, annexée depuis plusieurs années à l'Asile privé de Clermont (Oise), comme l'avait été précédemment la ferme St-Anne à l'Asile de Bicètre; 2° Le mémoire de M. le Docteur Billod intitulé : de la dépense des aliénés en France et de la colonisation considérée comme moyen pour les départements de s'en exonérer en tout ou en partie; 3° Le travail lu à l'Académie des sciences par M. le Docteur Brierre-de-Boismont sur la colonisation appliquée au traitement des aliénés ; 4° La notice de M. le docteur Belloc sur la transformation des Asiles d'aliénés en centres d'exploitation rurale. De savantes et fructueuses discussions à ce sujet ont animé en 1862 les séances de la société médico-psychologique. Enfin Gheel, la ferme St-Anne, et la colonie de Fitz-James, ont servi de thème aux dissertations les plus approfondies.

Le placement des malades chez des nourriciers, ou la création de villages d'aliénés, n'ayant pas prévalu, la question s'est limitée à l'alternative de la fondation de colonies attenant aux Asiles enclavés dans leur territoire, ou de colonies distinctes et séparées de l'établissement primitif.

Toutefois, aucun de nos collègues des Asiles publics n'a encore, que nous sachions, expérimenté la colonisation proprement dite, ou extérieure, chez les malades confiés à ses soins. Dans presque tous les Asiles Français le travail des champs est depuis long-temps en honneur; et les invalides moraux ont à-peu-près partout à leur disposition la précieuse ressource des occupations agricoles, mais ils ne cessent de résider dans la maison-mère, et ils se retrouvent quotidiennement dans le milieu pathologique auquel

2

pourrait seule les soustraire l'érection d'une annexe extrà-muros.

C'est une succursale de ce genre, séparée et distincte de l'Asile de Pau, que nous avons inaugurée en 1860, et deux ans et demi d'expérimentation nous ont déjà fixé sur ses avantages, comme sur ses inconvénients. Nous ne voulons ici dissimuler ni les uns ni les autres. Notre ferme agricole a reçu dès le début une organisation analogue aux idées exprimées depuis comme un *désidératum* par M. J. Falret. En relation directe et constante avec l'Asile central, elle a toujours fonctionné sous notre impulsion, avec moins de rigueur dans la réglementation du service, mais aussi avec un redoublement de sollicitude de notre part, et de la part de nos collaborateurs. Nous avons toujours choisi avec soin les malades à transformer en colons, et notre vigilance a dû être constamment en éveil pour renvoyer à l'Asile les aliénés dont l'état mental ou l'état physique exigeait de nouveau les soins de l'Etablissement. Quelques-uns même, citadins opiniâtres, ont réclamé comme une faveur leur rentrée à l'Asile, se réservant seulement de faire partie de l'escouade journalière qui va et revient. Nous devons à la vérité de dire que nous ne trouvons pas moins d'entrain chez ceux-ci que chez ceux-là. En effet c'est pendant la journée, aux heures du travail et de l'action en plein air, que l'aliéné peut goûter le charme de la vie rurale et se montrer sensible aux influences rustiques. Mais lorsque le labeur du jour a amené chez lui une certaine fatigue qui l'invite au repos, il le prend aussi volontiers dans son premier gîte que dans la résidence rurale dont l'hospitalité nocturne lui semble indifférente. Instinctivement nos aliénés se regardent comme étant plus chez eux à l'Asile où ils ont été conduits pour être guéris. Les logements y sont plus confortables, les repas servis plus chauds; on y apprend quelques nouvelles, et les jours de marché on est plus à portée des visiteurs du dehors. Autant on est heureux d'aller aux champs le matin, autant on aime en général à rentrer le soir au logis commun. A part quelques exceptions pour qui la vie champêtre est un besoin de tous les instants, nous trouvons un médiocre enthousiasme pour la condition de colon à demeure , et si elle est acceptée sans répugnance quand nous la prescrivons, elle n'est ni recherchée, ni ambitionnée , autant qu'on pourrait le croire. Un de nos colons, chargé de seconder le charretier pour les soins réclamés par les chevaux, a donné un jour des coups de fourche dans le ventre d'un cheval , afin d'être ramené à l'Asile et dispensé d'une résidence dont il était las.

Le va et vient amène dans l'existence de nos aliénés un imprévu qui n'est pas sans charme ; la variété du chemin, les rencontres qu'on fait sur le parcours, font priser l'état de demi-colon plus haut que celui de colon complet ou à demeure.

Ces considérations , propres exclusivement aux malades, nous feraient déjà préférer la colonie enclavée à la colonie séparée. Mais cette préférence est singulièrement corroborée, lorsque d'autre part nous passons à l'examen des considérations du service et des rapports existants entre l'Asile et sa colonie. L'exemple de la colonie de Fitz-James est loin d'être dans la pratique, applicable aux asiles publics. Là en effet l'unité de direction est assurée par les liens étroits de parenté qui unissent le Directeur de l'Asile urbain, le Directeur de son annexe, et le Médecin en chef. Co-propriétaires de l'établissement privé de Clermont-sur-Oise et de sa succursale, MM. Labitte frères , administrent leur maison avec un ensemble résultant d'une entière communauté d'idées et de sentiments , avec une entente garantie par une affection réciproque et par un intérêt qui leur est commun. Quoiqu'il y ait trois chefs, une seule et même pensée préside aux déterminations qui régissent l'institution. C'est comme un chef unique qui peut être présent en trois lieux différents à la fois. Il ne saurait surgir là de ces dissentiments, de ces tiraillements, si fréquents dans les établissements publics où la direction administrative est séparée de la direction médicale. Quoique notre essai se soit effectué à Pau dans les conditions les plus favorables à son succès, sous notre direction unique et exclusive, il n'en est pas moins vrai que le fonctionnement de l'annexe est exposé parfois à souffrir de l'absence de la pensée dirigeante. Quels que soient le zèle et la vigilance du surveillant

rural, il ne peut maintenir dans le personnel sous ses ordres la discipline et la régularité dont on ne s'écarte point à la maison-mère. La
tentation de quitter parfois leur poste est si forte pour les préposés
de la ferme, que les meilleurs s'y gâtent et s'y émancipent. Presque
tous les renvois prononcés ont pour objet des infirmiers dont le service rural avait favorisé les manquements. Quoique la distance ne soit
pas bien grande, les malades affaiblis, valétudinaires, ou gênés dans
leur marche, ne peuvent participer à la distraction que procure la vie
des champs. Nous ne pouvons non plus faire entreprendre ce parcours
aux malades très-agités et bruyants, pour lesquels cependant un travail de quelques heures serait d'un puissant effet sédatif.

Deux routes conduisent de l'Asile à sa succursale. L'une, la
route impériale de Tarbes, traverse un riche faubourg élégamment
habité par les étrangers qui font à Pau leur station hivernale;
l'autre se dirige par un faubourg plus isolé, mais est parsemée de
splendides villas, dont les hôtes manifestent une grande répugnance à rencontrer chaque jour les aliénés. Dans l'intérêt même
de ceux-ci, et pour leur éviter des causes d'excitation, nous avons
dû tracer leur itinéraire par le faubourg isolé, et par un chemin
de ronde qui, en allongeant le parcours, rejoint hors ville la
route impériale. Ce n'est encore là qu'un des moindres inconvénients de l'éloignement de la ferme. Quand nos malades, partis
par un beau soleil, voient survenir tout-à-coup le mauvais temps
et la pluie, les travaux rustiques sont désertés, et les locaux destinés à 22 hommes sont insuffisants pour 50. Le retour immédiat
à l'Asile devient une obligation, et nos ruraux eux-mêmes regrettent quelquefois les galeries couvertes et les salles abritées de
la maison de Pau. S'il s'agit d'envoyer un essaim de femmes exécuter à St-Luc les ouvrages qu'on leur réserve, la surveillance devient doublement difficile et scabreuse. Les aliénés ne sont peut-être
pas alors ceux qui réclament le plus de vigilance, et il faut surveiller le personnel de surveillance lui-même Cependant la construction prochaine d'une buanderie va rendre plus régulière la pré-

sence des femmes à St-Luc, et plus active leur participation aux travaux de la colonie. Evidemment cette partie de nos malades n'a pas moins de droits que l'autre aux bienfaits de la vie des champs, et en prévision de l'avenir nous avons planté des mûriers pour assurer aux femmes, dans l'éducation des vers à soie, un travail spécial et à leur portée. L'importance de notre colonie va donc s'accroitre de jour en jour. Sa direction n'en sera que plus compliquée et plus difficile. Malgré nos visites presque quotidiennes, il est impossible de tout prévoir, de tout régler à l'avance, et de ne point laisser bien des questions à résoudre et à trancher au surveillant que nous y avons placé. Cette initiative, laissée à un employé secondaire, présente à son tour quelques écueils, et le fait jalouser. Un fâcheux antagonisme entre les préposés de l'Asile et ceux de la succursale en surgit parfois et nuit au bien du service.

Ces inconvénients, qu'on pourrait de prime-abord ne pas entrevoir, n'empêchent pas une colonie de ce genre de prospérer, mais nous ne saurions accepter la séparation que comme une nécessité transitoire, devant cesser par une fusion complète entre l'établissement urbain et l'institution agricole.

Ne serait-ce pas à des considérations de la nature de celles que nous venons d'énumérer que l'on doit la suppression de la ferme St Anne, qui a cessé d'être annexée à l'Asile de Bicêtre ?

Les plus beaux Asiles Français ou étrangers sont déjà en partie des colonies agricoles ou des centres d'exploitation rurale : Ne suffirait-il pas de donner plus d'extension à leurs limites, de supprimer les murs d'enceinte trop élevés ou qui masquent la vue de la campagne, et au besoin d'y aménager pour les valides et les convalescents, une section à part, hors du plan général, à portée de l'exploitation, et de réaliser ainsi la vraie colonisation agricole sans nuire à l'unité et à la régularité du service ? Que manque-t-il par exemple, au magnifique établissement de Sainte-Gemmes (Maine-et-Loire), pour être le centre d'une vraie colonie agricole ? Uu dortoir et un réfectoire près de ses bâtiments ruraux, à moins qu'on ne préférât placer une section de ce genre dans les champs ou les prairies que l'Asile possède au bord de la Loire. Mais transplanter, sans y être forcé, un certain nombre d'aliénés à plusieurs kilomètres de là, serait évidemment compliquer le service sans un grand profit moral ou économique, et compromettre cette belle organisation du service que nous y avons jadis admirée, quand nous étions le collaborateur adjoint à notre excellent collègue M. le docteur Billod. Nous affirmons donc avec une profonde conviction puisée dans l'expérience des faits, que la colonie de St-Luc fonc-tionnera d'autant mieux, et aura pour les malades eux-mêmes d'au-tant plus d'attrait, que l'Asile s'en rapprochera davantage. Aussi, construire un nouvel Asile sur le bel emplacement de St-Luc, nous paraît aujourd'hui la mesure la plus utile aux aliénés qui nous sont confiés et au département lui-même. La colonie actuelle serait con-servée comme section rurale, extrà-muros; en outre, notre plan com-prend quatre pavillons ou cottages, pour les pensionnaires auxquels la vie en commun ne conviendrait pas. La dépense de la nouvelle construction sera couverte par le prix qu'on retirera de l'Asile actuel, situé dans un des beaux quartiers de la ville, et dont la vente offrirait à l'industrie privée de précieux emplacements au midi pour des mai-sons et des jardins d'agrément.

Sur l'invitation de M. le Préfet, nous avons étudié, mûri et appro-fondi les questions diverses soulevées par cette grande entreprise. Un plan d'Asile combiné d'après les données médicales les plus récentes a été concerté entre nous et M. l'Architecte du département ; il va être soumis, avec les documents à l'appui, à l'examen de MM. les Inspec-teurs-généraux, et à l'approbation de l'autorité supérieure. Nous ne nous sommes point dissimulé l'immensité de la tâche ainsi assumée, mais la grandeur du but à atteindre et de hauts encouragements nous permettent d'entrevoir dans un avenir plus ou moins prochain la réa-lisation d'une œuvre à laquelle nous avons résolu de consacrer tout ce que nous possédons d'énergie, de persévérance et de dévouement.

PROGRAMME

POUR LA CONSTRUCTION D'UN ASILE D'ALIÉNÉS

SUR LES TERRAINS DE LA FERME St-LUC,

En remplacement de l'Asile d'Aliénés de Pau.

MONSIEUR LE PRÉFET,

Vous m'avez fait l'honneur de me communiquer une dépêche de
M. le Ministre de l'intérieur en date du 7 novembre 1861, dans laquelle S. Exc. exprime le désir qu'il soit immédiatement procédé à
des études tendant à rechercher les moyens d'effectuer la translation
de l'Asile d'aliénés de Pau sur les terrains de la ferme St-Luc, située
à 2 kilomètres de l'établissement actuel.

Sur votre autorisation, je suis allé avec M. G. Lévy, architecte du
département, visiter dans tous leurs détails les Asiles d'Auch et de
Toulouse, afin de mettre à profit nos observations dans la confection
du plan sur lequel nous avions à nous concerter. J'avais déjà visité
bien des établissements (1), et M. l'Architecte, qui a vu aussi plusieurs asiles du nord de la France, a étudié les plans de la plupart

---

(1) En outre des asiles de St⁰-Gemmes (Maine-et-Loire), Fains (Meuse), et Maréville (Meurthe), auxquels j'ai été successivement attaché, j'ai pu à plusieurs reprises
étudier les dispositions d'un grand nombre d'Etablissements de ce genre, parmi
lesquels je citerai en France ceux de Rodez, de Bordeaux, du Mans, de Nantes,
de Rennes, de Blois, de Stephansfeld, de St-Dizier, de Leyme, de Montauban,
de Charenton, de Bicêtre et de la Salpêtrière, et en Angleterre ceux de Bethlem
et Colney-Hatch. Les souvenirs que j'en ai rapportés m'ont beaucoup servi pour la
rédaction de ce travail.

d'entr'eux. Il nous a donc été facile de combiner ensemble les dispositions principales d'un établissement dans la construction duquel neus profiterons de l'expérience de nos devanciers, et nous nous efforcerons d'éviter les inconvénients que nous avons reconnus ailleurs.

Parmi les écueils que nous chercherons à éviter, se place en première ligne l'élévation du chiffre de la dépense affectée à ces constructions dans certaines localités. A Toulouse, notamment, il m'a semblé qu'on ne s'est pas assez prémuni contre le luxe de l'ornementation architecturale, et que des sommes considérables ont été affectées à d'immenses péristyles, à de somptueux portiques, à des galeries faisant double emploi, ou dont la nécessité paraît contestable. Les bâtiments multiples des services généraux, la chapelle, et jusqu'au logement des concierges y ont des proportions qui sont loin d'ajouter à la commodité du service, mais qui doivent néanmoins entraîner des frais d'érection très-couteux.

Créer un bel établissement avec le moins de frais possible, tel est le problème dont nous nous sommes proposé la solution. Utilisant une donnée dont l'idée première appartient à M. le docteur Brierre de Boismont, et qui se trouve réalisée à grands frais à Toulouse, nous avons adopté comme axe de tout l'Asile, une galerie centrale se reliant aux services généraux, mais en apportant à son exécution des modifications qui en réduiront énormément le prix de revient.

Nous inspirant de l'excellent ouvrage de M. l'inspecteur-général Parchappe, intitulé : *Des principes à suivre dans la construction et la fondation des Asiles d'aliénés* pour le classement des malades, la disposition intérieure et l'aménagement des quartiers, nous nous sommes arrêté à un plan d'ensemble qui nous a paru commandé par la nature des lieux et l'assiette du terrain. A défaut d'autres mérites, ce plan aura du moins celui de la simplicité et de la commodité. La dissémination des bâtiments d'après des orientations différentes permet leur exécution simultanée, ou distincte et graduelle, à volonté, selon la réalisation des ressources. Après être entré dans le détail de la construction d'un Asile, tel que nous le comprenons, il s'agira d'examiner à quelle somme doit se porter la dépense, et enfin quelles sont les ressources au moyen desquelles il pourra y être pourvu.

J'estime qu'il conviendrait de ne construire de prime abord que les bâtiments les plus indispensables pour opérer la translation des aliénés et évacuer l'asile actuel, parce qu'avec le prix de vente de cet immeuble on se hâterait de rembourser l'emprunt qu'il y aura lieu de contracter.

Ceci posé, je vais aborder les diverses questions que peut soulever l'exécution du plan proposé, et avant de traiter la question financière, je m'occuperai du classement des malades, par sections, du nombre de places à leur attribuer, de la distribution et de l'aménagement des divers locaux destinés aux aliénés, sans perdre de vue ce précepte d'*Esquirol*, *qu'une maison d'aliénés bien conçue est un puissant instrument de guérison.*

Je passerai tour à tour en revue : 1.º le programme relatif aux constructions ; 2.º la dépense à laquelle elles donneront lieu ; 3.º les voies et moyens pour y faire face.

1º — Programme relatif aux constructions.

CLASSEMENT DES ALIÉNÉS. — DISPOSITION DES QUARTIERS.

En outre des bâtiments destinés aux pensionnaires, dont la distribution intérieure doit se prêter à un classement particulier, selon le taux de pension, selon l'intensité et le genre de folie, il est nécessaire d'avoir pour les malades au régime commun un aménagement qui permette de les subdiviser en 6 catégories au moins. Voici celles que nous adoptons :

1.º Aliénés paisibles, convalescents, inoffensifs, travailleurs ;

2.º Infirmerie pour les maladies incidentes ;

3.º Aliénés semi-paisibles (malades en traitement) ;

4.º Aliénés gâteux, faibles, infirmes, malpropres ;

5.º Aliénés agités, furieux (quartier cellulaire et partie non cellulaire) ;

6.° Aliénés épileptiques (même disposition que le précédent).

Un reproche fondé adressé à la disposition de l'Asile actuel, consiste dans la contiguïté de la division des femmes à celle des hommes, et dans l'obligation de traverser la dernière pour le service de la première. Ces deux divisions devront être complètement séparées et indépendantes : l'une ne doit pas masquer l'autre. Il convient donc de les placer symétriquement, l'une à gauche, l'autre à droite.

Pour assurer cette indépendance des deux grandes divisions, et pour faciliter en même temps leur service intérieur, les services généraux doivent être placés à égale distance de l'une et de l'autre, dans une belle cour d'entrée.

Les communications devant se faire à couvert ; une galerie de trois mètres de large, traversant le bâtiment central, et arrivant jusqu'aux sections les plus reculées, permettra de circuler à l'abri des intempéries.

Un second reproche qu'on peut adresser à l'Asile actuel, c'est que toutes les sections se ressemblent, sont construites sur le même plan, ont la même orientation, sont pourvues de préaux semblables, de galeries pareilles, et sont, comme l'a dit un de nos prédécesseurs, des *compartiments* de l'Asile, plutôt que des quartiers de traitement, dont l'aspect devrait par sa variété même agir sur l'esprit de nos malades.

Nous devons donc rechercher dans la construction projetée, les moyens de varier la forme, l'exposition, l'orientation de nos quartiers de classement, afin que, lorsqu'un aliéné change de section, il soit impressionné par le changement d'aspect des lieux qu'il habite.

Toutefois, il faut aussi se préoccuper de faire jouir autant que possible les habitants de l'Asile de la vue des Pyrénées, dont le splendide panorama se déroule au sud de notre emplacement. Les constructions ne peuvent avoir toutes une vue directe sur cet horizon, à moins de tomber dans cet écueil de monotonie que je viens de signaler, et d'aligner nos sections sur une ligne interminable, qui leur donnerait l'air de grandes casernes.

Nos sections doivent être isolées les unes des autres et toutes environnées de vastes jardins dans lesquels la vue puisse se reposer constamment sur de la verdure. Cet isolement des sections peut s'obtenir sans affecter à chacune un bâtiment spécial. Il n'y a pas d'inconvénient à élever des bâtiments assez grands pour contenir chacun deux sections géminées, mais cependant distinctes et indépendantes. Le bâtiment des pensionnaires, moins long que les précédents, serait placé au premier plan vers les Pyrénées, auxquelles il ferait face. Son jardin aurait le double de l'étendue des autres.

L'emplacement que nous destinons au nouvel Asile a un vaste développement de l'est à l'ouest; nous proposons d'affecter à la construction de l'établissement et de ses dépendances un parallélograme de 300 mètres de l'est à l'ouest et de 160 mètres du nord au sud. Sur cette profondeur de 160 mètres, nous divisons notre terrain en 3 zônes d'égale largeur de 100 mètres, et nous affectons la zône moyenne aux services généraux, logements, etc.; les deux zônes extrêmes contiendraient, savoir : celle de l'est, la division des femmes; celle de l'ouest, la division des hommes.

Les zônes de terrain où doivent s'élever les bâtiments destinés aux aliénés seront subdivisées en parallélogrammes de 50 mètres sur 40, qui chacun formeront le préau d'une des sections de classement. Nous obtiendrons ainsi de vastes espaces autour des habitations.

Chaque grande division n'exigera que 4 bâtiments, dont 3 serviront chacun à 2 sections différentes, et le 4.e au logement des pensionnaires. D'après notre plan, ces bâtiments se feront face deux par deux, mais seront placés à une assez grande distance pour que leur isolement soit complet : de cette manière ils ne se masqueront pas réciproquement, et tous jouiront à un degré plus ou moins grand du bel aspect de cette position.

A l'extrémité de chacune de nos deux divisions, dans une demi-rotonde ou un parallélogramme, pourront être placés les bains, dont la centralisation a des avantages incontestables. Dans les Asiles où des appareils balnéaires ont été établis pour chaque quartier, on donne fort peu de bains, soit à cause de la dépense de combustible qu'en-traîne la multiplicité des appareils de chauffage, soit à cause de l'insuf-fisance du personnel. Cette conviction résulte pour moi de l'aveu même de quelques-uns de mes collègues qui dirigent le service de ces établissements, et de l'observation personnelle que j'y ai faite de cet inconvénient majeur. L'avantage de la centralisation des bains, même au point de vue de l'usage qu'on en fait dans le traitement, ne saurait être contesté.

D'après notre plan, quelques-uns de nos bâtiments auront l'exposi-tion de l'ouest : cet inconvénient paraîtra peu grave si l'on songe qu'ils auront aussi celle de l'est, et que les murs des préaux et les planta-tions y remédieront facilement. L'Asile de Toulouse tout entier a bien l'exposition de l'ouest, et l'habitation du Directeur à Pau est ainsi orientée, sans qu'il résulte d'incommodité de ce léger désavantage de position. Il n'y a donc pas à s'en préoccuper.

Programme des Bâtiments.

L'Asile nouveau devra contenir 450 malades, dont 400 aliénés au régime commun, et 50 pensionnaires au compte des familles (1). Par conséquent chacune des deux divisions doit être calculée pour rece-voir 225 aliénés. D'après les catégories actuelles, voici dans quelle proportion il convient d'établir nos subdivisions :

QUARTIERS.	NOMBRE DE LITS.
N.º 1. Aliénés paisibles......................	60
N.º 2. Infirmerie...........................	14
N.º 3. Aliénés semi-paisibles...............	60
N.º 4. Aliénés gâteux......................	24
N.º 5. Aliénés agités.......................	30
N.º 6. Aliénés épileptiques.................	30
N.º 7. Aliénés pensionnaires................	30
TOTAL....................	248 lits dont

(1) Voir les éléments de la population de l'Asile au compte-rendu moral ci-après.

225 pour les malades, et 23 pour les infirmiers et gens de service, dans chacune des deux grandes divisions.

1° ALIÉNÉS PAISIBLES ET 2° INFIRMERIE.

Le bâtiment destiné à ce service doit avoir 50 mètres de long extérieurement sur 9 mètres de large; il sera traversé au rez-de-chaussée et au centre, perpendiculairement à son axe, par la grande galerie de service. Au nord sera le quartier n.° 1, ayant au rez-de-chaussée un vaste réfectoire-chauffoir, un office, et un escalier pour monter au 1er étage. A cet étage sera un dortoir de 20 lits, ayant 20 mètres de long sur 8 de large dans œuvre.

Au sud du même bâtiment (quartier n.° 2), sera, au rez-de-chaussée, l'ouvroir ou salle de travail et de confection, représentée chez les hommes par les ateliers où l'on travaille sans bruit, par une école, etc. Un escalier conduit au premier étage où sera une infirmerie de 10 lits et 2 chambres de 2 lits chaque; total 14 lits d'infirmerie.

Le bâtiment destiné aux quartiers nos 1 et 2 devra avoir un deuxième étage. Un seul escalier placé sur la galerie, suffit pour y arriver de la 1re section qui y trouvera ainsi deux dortoirs de 20 lits chacun, dont 1 au-dessus de l'infirmerie serait destiné aux plus tranquilles et l'autre serait placé sur le dortoir du premier étage de la dite section n° 1. Ce bâtiment sera exposé à l'est et à l'ouest, à cheval sur la galerie, ayant son axe du nord au sud. (attenant à chaque dortoir, dans tout l'Asile, doit être un bouge, ouvrant sur ce dortoir, pour déposer les vases de nuit dans le jour, et dans la nuit une chaise vespasienne; comme aussi à l'extrémité de chaque réfectoire il devra y avoir un cabinet pour le surveillant et un petit office).

3° ALIÉNÉS SEMI-PAISIBLES ET 4° ALIÉNÉS GATEUX.

Ce bâtiment doit avoir en longueur et en largeur les mêmes dimensions que le précédent et aussi deux étages au-dessus du rez-de-chaussée. On pourrait dans chacune des deux sections qu'il contiendra diminuer la largeur du réfectoire, pour ménager sur le devant une galerie à piliers, ou promenoir couvert de 2 mètres de largeur, à moins qu'il ne paraisse préférable d'adosser seulement ce promenoir aux murs de la section, et de conserver aux réfectoires leur largeur normale. Ce promenoir est inutile dans la section 1re où il importe surtout de laisser au réfectoire toutes ses dimensions. Pour les sections 3 et 4, un office près du réfectoire et de l'escalier, au premier un bouge et un dortoir de 20 lits, au second deux dortoirs pareils de 20 lits chacun; tel est le programme des besoins à satisfaire. A la section 4, il sera peut-être utile de prendre à l'extrémité du réfectoire l'espace nécessaire pour placer 4 lits destinés aux gâteux qui ne peuvent monter l'escalier. On obtiendrait ainsi le nombre de 60 lits à la 3e, et de 24 à la 4e section.

SECTIONS N° 5 ET N° 6. — AGITÉS ÉPILEPTIQUES.

Ces deux sections doivent être semblables et symétriques. En raison du caractère d'acuité de la maladie de leurs habitants, elles doivent être aussi éloignées que possible du centre de l'Asile. Leur promenoir couvert fera face au midi. Une porte donnant dans un vestibule qui précède l'escalier s'ouvre de la galerie sur chacune de ces deux sections.

Le rez-de-chaussée doit contenir un réfectoire de 4 m. de large, régnant sur toute la longueur, terminé à l'extrémité par une chambre ou cellule de gardien. Sur le derrière sont ménagées 6 cellules de 3 m. 60 de long sur 3 m. de large, ayant deux portes contrariées, c'est-à-dire ne se faisant pas vis-à-vis; l'une de ces portes, munie d'un guichet d'observation ouvre sur le réfectoire, l'autre sur le préau qui contourne le bâtiment. A côté de chaque porte doit être une fenêtre avec chassis à bascule, située très-haut, sans embrasure, avec plan incliné au lieu d'appui. Les murs des cellules doivent être solides et pleins : les planchers en fort bois bien jointé. Entre la dernière cellule et la chambre, un petit office peut être pratiqué.

Au premier étage, un dortoir plancheyé ne différera en rien de ceux des autres sections, et pourra ainsi contenir 24 lits, qui ajoutés aux 6 des cellules, donnent 30 lits pour la 5e, et 30 lits pour la 6e section.

Un calorifère situé entre les deux escaliers, chaufferait à la fois les deux sections d'agités et d'épileptiques. Il y aurait avantage dans ces sections à substituer le calorifère aux poêles ou cheminées. Pour les autres sections, au contraire, nous préférons les poêles au rez-de-chaussée, sur une dalle encastrée dans le bitume, entourée d'une grille en fer à la 3e et à la 4e section, si les poêles sont en fonte; les poêles en faïence peuvent se passer de cette précaution. Les tuyaux traversant directement le centre des dortoirs situés aux étages supérieurs, y entretiennent une chaleur suffisante.

DÉTAILS GÉNÉRAUX.

Les escaliers devront être entre deux murs, (à la Henri IV) et très doux, pour éviter les précipitations ou les accidents. Ceux en pierre doivent être préférés.

Les planchers des dortoirs ne différeront en rien des planchers de l'asile actuel; les réfectoires et galeries auront leur sol en bitume plutôt qu'en carrelage. Le sol du rez-de-chaussée sera, en général, élevé de 25 cent. au-dessus du sol extérieur.

La hauteur des plafonds sera de 4 mètres au rez-de-chaussée et au 1er étage : au 2e étage elle pourra avoir 50 centimètres de moins.

Les trumeaux devront avoir 2 m. 60, pour que devant chacun on puisse placer deux lits. Les croisées auront de 1 m. 20 à 1 m. 30 de largeur. Elles seront aussi élevées que possible, pour donner plus de jour et d'air : leurs encadrements extérieurs seront partie en briques nues, partie en pierre de taille Cette alternance, sans nuire à la solidité, aura le double avantage d'être d'un effet plus gracieux, et de coûter moins cher. L'appui sera à 90 centimètres du sol, sans embrasure et sans tablette, à plan incliné, pour qu'on ne puisse ni monter dessus, ni rien y déposer. Les chassis, en bois fort, fermeront à crémone et à clé. Le tiers supérieur, rendu indépendant et consolidé par un rebord d'eau, sera à 2 ventaux de 4 carreaux chacun, s'ouvrant pour aérer. Les croisillons devraient tous être en fer. Les persiennes étant superflues, il ne doit pas en être question dans les bâtiments destinés aux aliénés. Les stores ou rideaux intérieurs, et au besoin des volets, garantissent suffisamment les salles de l'ardeur du soleil. Les portes intérieures doivent être solides, en bois de nerva, plus épaisses que celles de l'asile actuel. Les serrures doivent, autant qu'il se peut, être encastrées dans l'épaisseur du bois, et ne point faire saillie au dehors. Certaines portes intérieures seront vitrées pour faciliter la surveillance. La serrurerie et la menuiserie devront être de première qualité, et ne point ressembler à celles de l'Asile actuel qui sont très-défectueuses.

N° 7. PENSIONNAT.

Le préau du Pensionnat aura toute la largeur de la zône, c'est-à-dire 100 mètres, et comme les autres 40 mètres de profondeur du nord au midi.

On arrive de la galerie directement dans un vestibule au rez-de-chaussée, double en profondeur, ayant au nord 5 chambres pour les aliénés infirmes, un office et l'escalier. Au midi d'un corridor qui traverse le bâtiment, se trouvent les habitations de jour. A chaque extrémité, dans des ailes en saillie de 2 mètres, se place un réfectoire destiné, le premier aux pensionnaires de 1re et de 2e classe, le second à ceux de 3e classe qui sont toujours les plus nombreux.

Entre les deux ailes un vaste salon ouvrant au midi sur une galerie couverte, ou promenoir établi entre elles, sert de salle de réunion et communique par des portes vitrées, d'une part avec une salle de billard, d'autre part avec une salle de lecture.

Au premier étage règne le même corridor de séparation : d'un côté sont 2 chambres, 1 bouge et 1 dortoir de 14 lits pour les pensionnaires de 3e classe. Du côté opposé on peut placer 5 chambres pareilles, et dans chaque aile un petit appartement de 2 pièces pour les pensionnaires hors classe qui auraient un domestique attaché à leur personne. Ces deux appartements donnant 4 lits, nous arrivons au chiffre de 30 lits pour le pensionnat. Ce bâtiment peut n'avoir que 30 mètres de long sur 16 de large, mesuré sur le flanc des ailes. Le rez-de-chaussée devra être entièrement parqueté, comme le premier étage.

Dans les vastes jardins de chaque pensionnat, pourront être plus tard élevés deux cottages, ou pavillons à simple rez-de-chaussée, pour être affectés à des malades recherchant une plus grande somme de bien-être et de comfortable.

BAINS.

Placés à l'extrémité de chacune des deux divisions, les bains peuvent se circonscrire dans une construction adossée aux bâtiments n.os 3 et 4. Au centre serait la chaudière et la cuve à eau froide : celle-ci pourrait même être placée sur le couloir d'entrée. Sur les côtés de la cellule centrale, où se ferait le chauffage, seraient disposées les baignoires : il convient de ménager un ou deux cabinets particuliers pour les bains médicamenteux, pour la douche, ou pour les aliénés qui ont besoin d'être isolés.

BATIMENT CENTRAL.

Dans cette construction doivent être réunis tous les services généraux, économiques, médicaux, et administratifs. La galerie de service doit la traverser dans son axe : elle doit établir la séparation entre les services de bouche et l'administration.

Sur le devant, c'est-à-dire au nord, un perron et un vestibule don-

3

nent accès au bureau des entrées, qui sera contigu au cabinet du Directeur, et d'autre part au bureau du Receveur-économe, contigu à la salle destinée à la Commission de surveillance, aux adjudications des fournitures, etc. Un parloir pour les hommes, un parloir pour les femmes, seront aussi ménagés de manière à ce que la surveillance en soit facile.

Au sud, ou en arrière de la galerie, sera une vaste cuisine, pourvue de toutes les dépendances nécessaires, ayant deux guichets pour le service culinaire des deux sexes ; les dépendances de la cuisine sont le magasin de l'économat, la panneterie, la sommellerie, la boucherie, une salle pour éplucher les légumes, une souillarde avec évier, et même une petite pharmacie. De vastes caves seront ménagées sous ces dépendances; il sera pratiqué deux escaliers différents pour monter au premier étage.

CHAPELLE.

Au premier étage, la chapelle pour la célébration du culte religieux pourra provisoirement être établie au-dessus de la cuisine, en ajoutant, pour l'agrandir, toute la largeur de la galerie. Si plus tard les ressources de l'asile le permettaient, on pourrait ériger une autre chapelle au sud de ce bâtiment, et alors la lingerie serait installée dans le local que nous pensons devoir suffire pendant longtemps aux besoins religieux de la population de St-Luc. D'un côté de la chapelle, faisant face à la division des femmes, sera le logement des sœurs, composé de trois pièces et d'un corridor, ce qui sera suffisant, attendu qu'un certain nombre de sœurs habite la division des femmes, où s'exerce leur surveillance.

Du côté opposé, faisant face à la division des hommes sera le logement de l'interne, celui du commis aux écritures, rendus indépendants par un corridor, et leur salle à manger, diminuée d'une petite sacristie réservée près de la chapelle pour M. l'Aumônier.

Sur le devant du même bâtiment, au premier, seront la lingerie, le vestiaire, les magasins des marchandises non ouvrées, le dépôt des objets mobiliers, des denrées récoltées à la ferme, et au besoin un logement pour un Médecin-Adjoint, s'il y avait lieu.

LOGEMENT DU DIRECTEUR MÉDECIN, DE L'ÉCONOME, ET DE L'AUMONIER.

Au sud de la cour d'honneur et de la galerie de service, qui, pour ne point masquer les constructions, serait au devant d'elles supportée par des colonnettes en fonte, on édifiera sur les deux côtés du bâtiment central deux pavillons pareils. L'un sera destiné au logement du Directeur-médecin et de sa famille; l'autre sera distribué de façon à servir au logement distinct du Receveur-économe et de l'Aumônier. Au sud de ces pavillons, on disposera des jardins pour ces fonctionnaires; leurs habitations jouiront ainsi de la vue des Pyrénées, qui constitue l'avantage principal de ce site.

COUR D'ENTRÉE.

La cour d'entrée doit être vaste, et si nous évitons le luxe dans les constructions, nous pouvons au moins nous donner celui de l'espace. A l'entrée sera le logement du concierge, ayant pour pendant le logement du surveillant de la colonie agricole, dans lequel on placera la bascule servant au pesage des voitures de denrées. De petits jardins ménagés derrière ces logements, permettront d'arrondir la cour et d'en rétrécir l'entrée.

COUR DE SERVICE.

La partie nord ou antérieure du bâtiment central faisant le fond de la cour d'entrée, une cour de service doit entourer la partie méridionale, où seront les services de bouche. Le plan proposé répond à cette nécessité.

BUANDERIE.

A droite des bâtiments projetés, et très en avant de l'emplacement qui leur est destiné, existe la ferme agricole, qui suffira encore longtemps à sa destination, sans subir de modifications nouvelles.

Le lavoir destiné au lessivage du linge va être établi près du ruisseau le Hédas, au même plan que la ferme, en avant et au nord de la division des femmes. Il formera ainsi le pendant de cette ferme. Une vaste salle au rez-de-chaussée, ayant environ 14 mètres de long sur 8 de large, contiendra un grand bassin en pierre de taille à plusieurs compartiments. A une extrémité de cette salle sera l'appareil destiné aux lessives, et à l'autre extrémité l'escalier pour arriver au séchoir à air chaud installé au premier étage, ainsi que la salle pour le repassage du linge.

Un vaste réservoir creusé près de la buanderie servira à capter les eaux nécessaires à l'alimentation du. lavoir.

CHAPELLE MORTUAIRE. — SALLE DES MORTS.

Ce dernier bâtiment, pareil à celui qui existe à l'Asile actuel, et qui se trouve dans de bonnes conditions, devrait être placé à l'entrée d'un cimetière, qu'à cause de l'éloignement de la ville, il y aura lieu d'établir vers l'angle nord-est de la propriété St-Luc. Les matériaux du local actuel, qui serait démoli, pourraient être utilisés.

LIEUX D'AISANCES.

Dans tous les établissements où les lieux d'aisances sont situés à l'intérieur, ils deviennent des foyers d'infection. Nous avons pu nous en convaincre, M. l'Architecte et moi, dans un des Asiles que nous avons visités; en 1857, j'obtins la suppression, à l'Asile de Fains, de tous les lieux d'aisance intérieurs, pour leur substituer des cabinets à tonnes mobiles situés au-dehors et à la périphérie des préaux.

Ceux qui sont nécessaires au nouvel Asile, peuvent être géminés et placés à l'intersection des murs des préaux, de manière à ce que chaque petite construction de ce genre serve à deux préaux différents et leur réserve deux compartiments, ce qui porte à quatre le nombre des tonnes à placer dans chacune de ces constructions. Les cabinets de latrines faisant saillie extérieurement, la vidange s'en effectuera par un chemin de ronde. Les lunettes seront pratiquées dans la pierre de taille ou dans d'épaisses dalles.

MURS DE CLOTURE DES PRÉAUX.

Les murs de clôture exposés au midi, pour ne point masquer la vue des Pyrénées, seront précédés à l'intérieur du préau d'un saut de loup au bas duquel commencera l'élévation du mur, dont la crête supérieure pourra ne pas excéder 1ᵐ 20 au-dessus du niveau du sol des préaux ou jardins. D'après nos calculs, il y aura environ 1,680 mètres courants de ces murs de clôture à édifier.

ALIMENTATION D'EAU.

On trouve partout sur le terrain de la ferme St-Luc, en creusant à 4 ou 5 mètres de profondeur, l'abondante nappe d'eau dite du Pont-Long, qu'un projet récent voulait utiliser pour l'alimentation de la ville de Pau. Cette eau est d'excellente qualité : il s'agira de l'élever au moyen de pompes mues soit par un manège, soit par un moulin à vent, soit par tout autre moyen que l'expérience suggérera. Un bassin placé à la partie culminante de notre terrain permettra de distribuer l'eau dans tout l'Asile, au moyen de tuyaux de plomb ou de cuivre.

ATELIERS. —DÉPOTS.

Les divers ateliers de menuiserie, charpente, serrurerie, cordonnerie, tissage, etc., que nous avons déjà installés à l'Asile actuel, pourront facilement être transférés à la ferme, sans grande dépense, ainsi que les hangars pour dépôts de bois, paille, paillon et autres denrées encombrantes. Il n'y a pas à s'occuper de ces détails dans le plan que nous combinons.

Tel est le programme des bâtiments divers qu'exige l'installation d'un Asile d'aliénés. La moindre lacune dans ces constructions impose une gêne au service, et s'il est prudent, au point de vue financier, de scinder l'exécution des travaux en plusieurs périodes, il n'est pas moins désirable, dans l'intérêt de l'ordre intérieur, d'arriver le plus promptement possible à compléter l'ensemble. Une construction de ce

genre n'est pas une construction ordinaire, et il est aujourd'hui avéré
que le plus habile architecte a besoin de la coopération d'un médecin
spécialiste pour donner à son œuvre, sous le rapport hygiénique, thé-
rapeutique, et pour la commodité du service, tous les perfectionne-
ments désirables. Un architecte qui ne s'inspirera pas de la pensée
médicale et administrative, ne fera qu'une œuvre imparfaite. Exemple :
un de nos collègues signale à l'attention de l'architecte « *la nécessité*
» *de placer le cabinet du Directeur-médecin dans le lieu le plus pro-*
» *pice à permettre une surveillance active sur tout ce qui pourra aller*
» *et venir du dedans au dehors.* » L'asile construit, le Directeur a
son cabinet au fond d'un triste corridor, éclairé d'une seule fenêtre
donnant sur un jardin sans vue et sur le derrière d'une section. Tout
le monde, excepté lui, peut voir ce qui se passe dans la cour d'entrée.
Celle-ci est entourée de splendides portiques, mais les légumes sont
épluchés au bas d'un escalier, faute de dépendances suffisantes autour
de la cuisine. Je me félicite donc doublement de la coopération si rem-
plie d'aménité que j'ai rencontrée chez M. Lévy, architecte du département des Basses-Pyrénées. Personne plus que lui n'aime à s'entourer d'avis compétents ; personne ne s'approprie mieux la pensée qui
doit présider à la conception de ses plans, qu'il saura au besoin plier
aux exigences d'une simplicité nullement exclusive de l'harmonie
des formes.

Le croquis du nouvel asile a été mis sous les yeux de M. l'Inspecteur général Constans, lors de sa dernière visite à Pau. Sans
lui donner d'avance une approbation qui ne saurait d'ailleurs être
définitive qu'après la confection des devis et plans détaillés, M. l'Inspecteur général n'en a point critiqué la conception générale, ce qui
nous porte à espérer que, le cas échéant, son suffrage ne nous ferait
point défaut.

2°. — Montant de la dépense.

M. le docteur Parchappe, inspecteur-général du service des
aliénés, a constaté qu'un asile de 400 malades pouvait être en-

trepris en province, exécuté et meublé, au prix de 1,800 francs par malade.

Partant de cette évaluation si compétente, (1) nous trouvons qu'un asile pour 450 aliénés coûterait 810.000 francs. De cette somme nous nous hâterons de déduire la valeur de notre mobilier actuel, presque suffisant pour 450 personnes, et qui sera utilisé en entier dans le nouveau local.

La valeur inventoriée du mobilier au 31 décembre 1862 est de.. 141,399f 64c

La valeur de la ferme Saint-Luc, avec la parcelle annexée est d'au moins 70,000 00

Total des valeurs à déduire de la dépense de l'Asile à construire, ci................................ .... 211,399 64

Laquelle somme déduite du montant de l'estimation ci-dessus, savoir : 810,000 00

Il resterait à créditer pour les dépenses de construction 598,600f 36c

Cette somme, répartie sur 450 unités, réduit la dépense à 1,330 fr. par place disponible.

En adoptant comme base générale du système de nos constructions un genre rustique, exclusif de toute ornementation superflue et coûteuse, la dépense peut être maintenue dans des proportions bien au-dessous de celles ci-dessus indiquées. Nous devons songer à faire une Ferme-Asile plutôt qu'un monument architectural.

Si l'on ajourne une certaine catégorie de constructions dont l'édification n'a aucun caractère d'urgence, et que l'on se borne à bâtir d'abord celles qui sont indispensables pour le fonctionnement immédiat de l'Asile, la dépense peut même descendre au-dessous de

(1) Les beaux asiles de Quatremares près Rouen, de Niort, etc., ont été construits sur les plans de M. l'Inspecteur général Parchappe, d'après ses indications, et sous sa haute direction.

mille francs par place, et n'excéder, en aucun cas, la somme de 450,000 francs.

Voici l'évaluation de la dépense, telle qu'elle résulte d'un devis sommaire, émanant de M. Levy architecte des Basses-Pyrénées.

CHAPITRE Ier. — CONSTRUCTIONS COMPRISES DANS LA PREMIÈRE CATÉGORIE.

Sect. 1, 2, 3, 4. — Bâtiments à rez-de-chaussée et deux étages au-dessus.....................	1802 m. c.	à 100 f.	180,290 f.
id 5, 6. — id. à rez-de-chaussée et un seul étage.....................................	850	à 70	59,500
id 7. — Pensionnats rez-de-chaussée et 1er étage............................	1088	à 80	87,040
Bâtiments d'administration rez-de-chaussée et 1er étage..............	875	à 80	70,000
Deux habitations : Directeur ; aumônier et receveur-économe........	416	à 80	33,280
Bains pour les deux sexes.............	240	à 55	13,200
Latrines................................	80	à 30	2,400
Total..........			445,620 f.

soit en chiffres ronds 450,000 francs

Là se bornerait la dépense à créditer pour que la translation de l'asile pût s'effectuer.

Lorsque ce résultat aurait été obtenu, et après l'évacuation de l'asile de Pau, cet immeuble devrait être mis en vente dans un bref délai, afin de rembourser au plus tôt la somme empruntée, et de libérer l'asile du service des intérêts.

Du moment, en effet, où l'établissement aurait recouvré la libre disposition de ses excédants, il pourrait procéder peu à peu, avec ses propres ressources, à l'exécution du complément du plan. Ce complément s'élève encore à une somme importante, ainsi que le démontre le détail ci-après :

CHAPITRE II. — CONSTRUCTIONS SUSCEPTIBLES D'AJOURNEMENT.

Deux pavillons à l'entrée de l'Etablissement	162 m.	à 40 f.	6,480 f.
Galeries de communication......................	2672	à 30	80,160
Pavillons accessoires aux pensionnats (cottages)	360	à 55	19,800
Chapelle évaluée........................,..........			20,000
Murs de clôture 1680 mètres courant de 2 m.			
60 de hauteur..............................·		à 13	21,840
Total du Chapitre II........ ·			148,280 f.

Bien que cette nouvelle somme d'environ 150,000 fr. porte à
600,000 fr. la dépense totale à prévoir, il n'y a pas lieu, à mon avis,
de s'en exagérer les charges, et de redouter une impuissance qui n'est
réellement pas à craindre.

La chapelle provisoire qui sera dès l'abord installée au-dessus de
la cuisine générale, suffira pendant plusieurs années au service religieux, et dispensera de l'érection immédiate d'un nouveau temple.

Les pavillons accessoires aux pensionnats étant des habitations
purement de luxe, destinées à des pensionnaires riches et hors
classe, il n'y aura lieu de songer à leur érection que dans le
cas où une prospérité inouïe de la maison viendrait en faire à
la fois un devoir et une spéculation lucrative.

Quant aux galeries de communication, elles se feront peu à peu,
au fur et à mesure des ressources, leur absence ne nuisant ni
à l'ordre, ni à la bonne tenue de la maison.

Enfin, les murs de clôture de l'enceinte fermée seront les seuls
urgents, ceux qui séparent les préaux pouvant, comme les galeries,
se bâtir graduellement, avec l'aide des aliénés eux-mêmes.

Il résulte donc de ce qui précède, que la deuxième partie de la
dépense peut être singulièrement réduite, et qu'elle n'excèdera
nullement les forces de l'Asile, dès qu'il pourra être exonéré des
charges que l'emprunt fera momentanément peser sur lui.

En résumé, la grosse question du transfèrement de l'Asile de

Pau sur le territoire dépendant de la ferme St-Luc *se résout en une somme de 450,000 fr.*, montant exclusif de la dépense des constructions à édifier, avant de pouvoir y installer les aliénés et tous les services de l'Etablissement actuel.

S. Exc. M. le Ministre de l'Intérieur nous a invité, sur la proposition de M. l'Inspecteur général Constans, à rechercher une atténuation de la dépense dans la confection des briques, à laquelle les terrains de St-Luc paraissent propres. L'Asile de Lille, qui va se transférer à Bailleul, a pu ainsi céder aux entrepreneurs pour 100,000 fr. de briques, et atténuer d'autant la fourniture des matériaux. Nous allons incessamment tenter de réaliser, dans de moindres proportions, une opération de ce genre, qui facilitera, si elle réussit, l'exécution de nos projets.

Quand les plans et devis-définitifs, ayant reçu l'approbation de l'autorité supérieure, auront été adjugés, nous veillerons avec un soin scrupuleux à ce que les entrepreneurs se renferment strictement dans les limites de leurs obligations, et à ce que la part faite à l'imprévu n'excède jamais les sommes inscrites à valoir pour cet objet. Nous savons trop combien sont désastreuses, au point de vue financier, ces surprises qu'amène quelquefois, lors du règlement, l'exécution de travaux faits irrégulièrement en dehors des prévisions, parfois même en dehors de toute autorisation. Laisser pour compte aux entrepreneurs les travaux indûment faits, non crédités, ou dépassant les limites de leur adjudication, nous paraît une mesure indispensable, quoique rigoureuse, pour équilibrer la dépense avec les ressources, et éviter d'engager l'établissement dans des chances qui constitueraient plus tard pour lui-les plus sérieux embarras.

3° — Voies et moyens.

RESSOURCES DESTINÉES A FAIRE FACE AUX DÉPENSES.

En prévision de l'avenir, et pour accroître immédiatement les ressources de l'Asile, j'ai cru devoir, dès 1862, porter au complet le chiffre de la population que l'établissement pouvait convenablement recevoir. Le nombre des places disponibles étant à l'Asile de 370, et à la colonie St-Luc de 22, en tout de 392, il a été possible d'admettre 40 aliénés dont le placement était demandé par le département de la Seine. Ce placement, opéré au prix de journée de 1 fr. 20 c., concourt à augmenter les bonis annuels, en faisant descendre le taux de la dépense individuelle, sans augmenter sensiblement les frais généraux.

Aussi les Recettes ordinaires en 1862 ont-elles excédé les dépenses de la même catégorie d'une somme de..... 29,551ᶠ 49ᶜ

Cet excédant était en 1861, de........ .... 22,571 45

— en 1860, de................. 17,999

Ce qui fait pour ces trois années................. 70,121ᶠ 94ᶜ

Soit en moyenne par année 23,374 fr.

Si nous remontons plus haut, nous trouvons des excédants encore plus considérables, savoir : pour 1858.............. 30,096ᶠ 35ᶜ

pour 1859.............. 26,399 01

Ces chiffres démontrent comment avec une administration économe, sans être parcimonieuse, on parvient à maintenir sans cesse la situation financière dans un état prospère et satisfaisant.

Je puis donc, sans témérité ni présomption, évaluer à 30,000 fr. par an le boni à réaliser sur les exercices 1863 et 1864, qui évidemment seront antérieurs aux charges que fera peser sur l'établissement sa reconstruction, si elle est autorisée. Ce serait donc une somme de 60,000 qui s'ajouterait à celle de 56,541 fr. 70 c. composant l'actif disponible à la clôture de l'exercice 1862. —

Total : 116,541ᶠ 70ᶜ

Sur cette somme il y aura lieu de prélever :

1° Pour l'acquisition de la ferme St-Luc. 60,000ᶠ }

2° Pour la construction d'une buanderie (1). 18,874 12 } 78,874ᶠ 12ᶜ

qui déduits de la somme ci-dessus, laisseraient encore

disponible, celle de............................ 37,667ᶠ 58ᶜ

_____

(1) Projet récemment approuvé, et prêt à être mis en adjudication.

Ce serait donc avec une réserve libre d'environ 38,000 fr. que nous entrerions en campagne pour procéder à la construction du nouvel Asile. Dans le cas, tout-à-fait improbable, d'une insuffisance momentanée de nos excédants annuels, cette réserve viendrait assurer le service régulier des intérêts auxquels nous aurons à pourvoir. Le service des intérêts n'étant plus en question, il me reste à examiner de quelle manière pourra avoir lieu le remboursement du capital à emprunter. Ce capital, ai-je dit, devra être de 450,000 fr.

Pour en opérer le remboursement, l'Asile n'aura que deux ressources : 1.º le prix de vente des terrains et bâtiments qu'il occupe actuellement en ville ; 2.º l'excédant de ses bonis, après avoir assuré le service des intérêts.

La valeur des terrains et des bâtiments de l'Asile de Pau a été fixée en 1858, à une époque où l'on ne songeait nullement à en opérer l'aliénation, à 600,353 fr. 42 c. Cette évaluation figure au tableau G, joint au compte administratif de l'exercice 1858. Depuis cette époque, il a été fait pour 59,344 fr. 11 c. de constructions, ce qui porterait la valeur actuelle de l'Asile à 659,697 fr. 73 c., et en déduisant la somme de 1,974 fr., prix d'une parcelle cédée à la ville pour l'élargissement d'une rue, à 657,723 fr. 53 c.

Mais ce serait peut-être se faire illusion que d'espérer retirer ce prix de notre immeuble. J'admettrais au besoin que les constructions exécutées en 1860 et 1861 n'ont ajouté aucune valeur vénale à l'Asile, et même que sur l'estimation de 1858, nous pourrions, par excès de prudence, opérer quelques réductions.

Les terrains ont cependant acquis à Pau une plus value qui augmente chaque année : ceux qui sont situés sur des voies fréquentées, ou à des expositions recherchées, atteignent des prix exorbitants. La situation de l'Asile sur la place Bosquet, à l'entrée du riche faubourg de la Porte-Neuve, à l'exposition du midi, donne évidemment de la valeur à ses terrains. Si la municipalité se décidait à voter l'ouverture d'une rue traversant l'Asile du nord au sud, coupant à angle droit la rue Barbalat, se prolongeant à travers l'extrémité de l'enclos du Lycée, et s'infléchissant à droite vers la rue du Lycée, tous les espaces rive-rains de cette voie nouvelle acquerraient des prix fort élevés.

Dans l'état actuel des choses, c'est demeurer bien au-dessous des probabilités que de fixer à 25 fr. par mètre carré l'évaluation de la surface occupée par l'Asile. Nous obtiendrons ainsi de nos *deux hectares*, soit 20,000 mètres carrés, la somme de 500,000 fr. Le sol nu, dépouillé de ses bâtiments, vaudrait à lui seul cette somme. La ville nous a payé 14 fr. le mètre une parcelle au nord, nécessaire à l'élar-gissement d'un faubourg sans vue, étroit et mal situé. Dans des quar-tiers moins favorisés que le nôtre, des terrains se sont vendus à rai-son de 60 fr. et 80 fr. le mètre. Ce n'est donc pas se faire illusion que de fixer à 25 fr. en moyenne la valeur du mètre carré de nos terrains, surtout en y comprenant celle des constructions, qui sont dans un état parfait, et dont plusieurs constitueraient de fort agréables habi-tations sans être aucunement modifiées.

Il ne me paraît pas possible d'éprouver de déception au point de vue de la vente avantageuse de l'Asile actuel. J'ai la conviction que son prix atteindra un chiffre voisin de l'évaluation de 1858, sinon su-périeur ; mais mettant les choses au pire, nous sommes toujours as-surés de retirer largement de nos ventes une somme au moins équi-valente aux 450,000 fr. montant de notre emprunt.

Si par une de ces déconvenues qui déjouent tous les calculs hu-mains, nous ne pouvions arriver à réaliser cette somme en totalité, il nous resterait toujours la ressource de nos excédants annuels de re-cettes, accrus dès-lors des sommes représentant l'intérêt des rem-boursements partiels opérés, et en outre de la suppression des droits d'octroi, qui grèvent annuellement la consommation de l'Asile de plusieurs milliers de francs. Dès sa translation à St-Luc, l'Asile se verra affranchi de cet onéreux impôt.

Après avoir démontré comment l'Asile sera en mesure de pourvoir au service des intérêts, et au remboursement du capital à emprunter, je vais passer en revue les diverses combinaisons qui peuvent assurer le succès de notre entreprise.

RÉALISATION DE L'EMPRUNT.

Un emprunt contracté avec stipulation du remboursement du capital, sans amortissement annuel, pourrait être opéré, selon l'occurrence, soit auprès d'un capitaliste privé, soit à la caisse des dépôts et consignations. Cette caisse ne percevant qu'un intérêt de 4 1/2 p. %, offrirait sans doute des conditions plus avantageuses que les particuliers. Toutefois, comme l'Asile de Lille a contracté pour sa translation à Bailleul un emprunt de 500,000 fr., au taux de 5 p. %, auprès d'un particulier, et que nous pourrions avoir à subir une semblable condition, je vais examiner comparativement les charges résultant de ces deux taux différents d'intérêt.

Les formalités préalables à la réalisation du prêt, à l'approbation des projets et devis, à l'adjudication des travaux ne permettent pas d'espérer qu'ils puissent être commencés avant la fin de 1864.

Dans cette hypothèse, nous pourrions fixer au 1.er juillet 1865 la réalisation de notre premier emprunt, soit 150,000 fr.

L'avancement des travaux rendrait sans doute nécessaire, six mois après, au 1.er janvier 1866, le versement de pareille somme entre les mains de l'entrepreneur.

Enfin, nous fixerons au 1.er janvier 1867 le complément de notre emprunt, pour hâter l'exécution des constructions, gardant en caisse le dixième de garantie.

L'édification du nouvel Asile, commencée à la fin de 1864, poursuivie en 1865 et 1866, devrait se terminer en 1867.

D'après cet échelonnement de notre emprunt, l'Asile aurait donc à payer pour les intérêts, savoir :

	à 5 p. %	à 4 1/2 p.%
sur l'exercice 1865, 6 mois d'intérêt de 150,000 fr.........	3,750ᶠ	3,375ᶠ
sur l'exercice 1866, 1 an d'intérêt de cette somme......	7,500	6,750
sur l'exercice 1867, 1 an d'intérêt de cette somme......	7,500 }	6,750 }
plus, 1 an d'intérêt sur le 2ᵉ emprunt	7,500 } 15,000ᶠ	6,750 } 13,500ᶠ
sur l'exercice 1868, 1 an d'intérêt sur les trois emprunts.	22,500	20,250

Cette dernière somme de 22,500 fr., ou de 20,250 fr., selon le taux, devrait être créditée sur les budgets suivants, jusqu'à parfait remboursement, sauf à la diminuer annuellement de l'intérêt afférent au capital partiellement remboursé.

Afin de se réserver une latitude suffisante pour vendre avantageusement l'immeuble actuel, l'Asile pourrait emprunter chacune des trois sommes échelonnées, pour six ans, en conservant la faculté d'anticiper les remboursements, dans le cas de la réalisation plus prompte de ses ressources.

Le premier remboursement exigible n'écherrait que le 1.er juillet 1871 ; il serait suivi d'une deuxième échéance au 1.er janvier 1872, et de la troisième et dernière, le 1.er janvier 1873. Ces délais seraient évidemment suffisants pour acquitter intégralement la dette contractée.

L'emprunt contracté à raison de 4 1/2 p. % présenterait, pour les six années d'intérêt à servir, une économie de 13,500 fr. sur l'emprunt souscrit à raison de 5 p. %.

Notre emprunt, effectué dans les conditions offertes par la caisse des dépôts et consignations, ne donnerait lieu, on vient de le voir, qu'à un débours annuel d'environ 20,000 fr. Il ne s'éteindrait, il est vrai, qu'au moyen de l'entier remboursement du capital.

Le Crédit Foncier exige des versements annuels beaucoup plus élevés, mais ceux-ci comprennent l'amortissement progressif du capital. Cependant l'art. 9 de la loi du 6 juillet 1860 permet, moyennant une indemnité de 0 fr. 50 c. pour cent le remboursement par anticipation.

L'Asile devant se libérer à court délai et en bloc, ce mode d'emprunt me paraît se prêter beaucoup moins que le précédent, aux circonstances particulières dans lesquelles nous sommes placés.

Il est une combinaison que je ne mentionnerai que pour mémoire, attendu l'incertitude qu'offre sa réalisation. Elle consisterait à trouver un entrepreneur possédant des capitaux suffisants pour se charger de l'entière adjudication, et consentant à n'être soldé du montant qu'au moment où la réalisation des ressources de l'Asile serait devenue possible. Les avances seraient constatées tous les 3 mois, l'intérêt lui en serait servi par l'établissement à raison de 5 p. % et serait payable tous les ans ou par semestres. Par ce procédé, il deviendrait même possible d'amortir annuellement, pendant le cours des travaux, une petite fraction du capital.

Asile régional.

Enfin, il est une dernière combinaison qui assurerait la prompte édification du nouvel Asile, si elle était adoptée. Mais comme elle a quelque chose d'insolite, je ne la proposerai qu'avec toutes les réserves que comporte une pareille question.

La loi du 30 juin 1838 oblige chaque département à avoir un établissement public d'aliénés, ou à traiter avec un établissement voisin. La situation de Pau, non loin de la limite des départements des Landes et des Hautes-Pyrénées, fait que notre Asile est aussi rapproché de la plupart des communes de ces deux départements, qu'il l'est des deux tiers des communes du département même des Basses-Pyrénées, auquel l'établissement appartient. La facilité des communications a rendu jusqu'ici ces deux contrées tributaires de notre Asile, où elles paient pour l'entretien de leurs aliénés un prix de journée analogue à celui des pensionnaires du régime commun au compte des familles, et il est peu probable que ce prix de journée puisse de long-temps être réduit. Il est évident, en effet, que lorsqu'un dégrèvement pourra avoir lieu, ce sera le département propriétaire qui en profitera exclusivement.

Pour que les Landes et les Hautes-Pyrénées puissent aspirer à voir un jour diminuer la charge croissante que leur impose l'entretien de leurs aliénés, il ne faudrait rien moins que la création d'un asile qui fut leur propriété. Or l'on sait ce que coûte une pareille création. Cependant l'association des capitaux, qui, à notre époque, enfante des merveilles dans l'industrie privée, serait peut-être fructueusement applicable, en certains cas, aux départements eux-mêmes. Ne serait-il pas possible que les deux départements précités s'associassent, dans une certaine proportion, avec celui des Basses-Pyrénées, pour devenir copropriétaires de l'asile à ériger, et pour participer ainsi aux bénéfices

que doit ultérieurement amener cette érection ? La part contributive
de chacun des associés déterminerait d'avance la mesure de leurs
droits, et lorsque l'un d'entr'eux verrait descendre son prix de journée à 0 f. 90 c. à 0 f. 80 c. et au-dessous, les deux autres ne demeu-
raient plus invariablement taxés à 1 f. 10 c.

L'objection tirée de ce qu'aurait d'anormal une propriété immobilière
possédée par un département hors de son territoire, n'est pas sérieuse.
Le département de la Seine vient d'acquérir dans Seine et Oise deux
vastes propriétés, où il va incessamment construire des asiles pour
ses aliénés. On verra alors un fait singulier : les aliénés de la Seine
occupant deux asiles dans Seine et Oise, pendant que ce dernier
département entretiendra les siens hors de son sein, à l'asile privé de
Clermont, (Oise).

Ceci posé, abordons la proportion dans laquelle l'association devrait
avoir lieu, si ce mode venait à prévaloir.

D'après les faits observés depuis plusieurs années, 80 places réser-
vées dans le nouvel asile à chacun des deux départements voisins,
en tout 160, suffiraient encore pendant longtemps aux besoins du service. Il resterait ainsi 240 places du régime commun pour les aliénés
des Basses-Pyrénées.

Il en résulte que la part contributive, et par conséquent la part
de co-propriété des trois associés, devrait être ainsi fixée :

        Basses-Pyrénées................ 3 cinquièmes.
        Landes....................... 1 cinquième.
        Hautes-Pyrénées.............. 1 cinquième.

Nous avons évalué à 810,000 francs la dépense d'érection du nouvel établissement, ce qui donnerait les chiffres suivants :

        Basses-Pyrénées................ 486,000 fr.
        Landes....................... 162,000
        Hautes-Pyrénées............... 162,000
                                —————
              Total............. 810,000 fr.

La part contributive des Landes et des Hautes-Pyrénées se bornerait à la somme relativement modique de 162,000 fr., qui leur assurerait les avantages attachés à la possession d'un asile, et principalement la certitude d'un dégrèvement ultérieur et progressif.

4

La part afférente aux Basses-Pyrénées, savoir :   486,000 f. 00 c.
serait diminuée des éléments suivants :

Valeur du mobilier et de la lingerie. 141,399 f. 64 c.)
Valeur de la ferme St-Luc et de la   } 211,399 f. 64 c.
parcelle ajoutée.................... 70,000   00   )

Il resterait seulement à créditer....   274,600 f. 36 c,

Dans cette éventualité, l'excédant considérable à provenir de la vente de l'asile actuel, étant placé en rentes sur l'Etat, dégrèverait immédiatement le département à concurrence de 12,000 ou 15,000 francs, et la somme d'environ 47,000 fr. qu'il consacre annuellement à l'entretien de ses aliénés, serait dès lors très-considérablement atténuée.

Si le contingent d'aliénés assigné à chacun des 3 départements venait à être dépassé, il devrait être payé pour chaque malade en sus du nombre règlementaire, un prix de journée égal à celui des pensionnaires du régime commun au compte des familles. Cet excédant de population ne participerait point au dégrèvement ; il rentrerait dans les conditions actuelles, et par assimilation à la 4e classe des pensionnaires, il contribuerait à produire des bénéfices pour l'association, bénéfices auxquels chaque département participerait d'ailleurs dans la mesure de ses droits de co-propriété. La participation aux bénéfices réalisés se traduirait toujours en un abaissement du prix de journée.

Telle est la dernière combinaison à l'aide de laquelle l'asile de Pau pourrait être transféré à la ferme Saint-Luc. Quoique présumant d'avance que les systèmes précédemment exposés lui seront préférés, j'ai cru devoir en faire mention, afin d'être plus complet dans ce travail, et afin de laisser à l'autorité supérieure une option et une initiative qui lui appartiennent.

Puissent les idées qui précèdent obtenir un accueil indulgent auprès de vous, Monsieur le Préfet, ce sera un précieux encouragement pour votre très-humble et très-respectueux serviteur.

Le Directeur Médecin de l'Asile de Pau ,

Th. AUZOUY.

Pau, le 10 avril 1863.

Asile public d'Aliénés de Pau.

COMPTE-RENDU MORAL, ADMINISTRATIF ET MÉDICAL

Pour l'Exercice 1862,

PRÉSENTÉ A MONSIEUR LE PRÉFET DES BASSES-PYRÉNÉES,

MONSIEUR LE PRÉFET,

Après vous avoir soumis mon rapport sur la colonie agricole de St-Luc, et le programme relatif à la translation de l'Asile sur les terrains de la ferme rurale, il me reste à vous exposer les résultats moraux, financiers, et médicaux, obtenus en 1862, dans l'Etablissement que je dirige.

REVUE DU SERVICE ADMINISTRATIF.

Le compte administratif de l'exercice 1862 accuse les résultats suivants :

Fixation des Recettes d'après les titres définitifs	219,372f 31c
Recettes effectuées dans l'exercice 1862......... .	200,860 25
RESTES à recouvrer sur le dit exercice......	18,512f 06c
Sur les Recettes effectuées, ci..................	200,860f 25c
il a été dépensé durant l'exercice 1861.......	162,830 61
EXCÉDANT des Recettes...........	38,029f 64c

Report.........	38,029ᶠ 64ᶜ

auquel il faut ajouter le montant des restes à recouvrer, ci. **18,512 06**

pour obtenir l'excédant définitif formant la totalité de nos ressources disponibles à la clôture de l'exercice.

Cet excédant total se monte à.............. ... **56,541 70**

Si l'on en déduit les sommes provenant des exercices antérieurs, savoir : **38,629 72**

l'on trouve dans les ressources disponibles de l'Asile une augmentation de............................ **17,911 98**

Mais il a été employé en dépenses extraordinaires une somme de................................ **13,625 24**

qui, ajoutée au reste de 1862, donne un boni total de.. **31,537 22** pour ledit exercice.

Ce boni s'accroît encore de.................... **10,144 48** provenant ¦de l'augmentation des valeurs mobilières (1).

Le résultat de l'exercice 1862 est donc un boni total de **41,681ᶠ 70ᶜ**

L'état des restes à payer ne constate aucune dette, de sorte que l'actif ci-dessus de 56,541 fr. 70 c. est parfaitement liquide.

Ces résultats satisfaisants sont dûs à une sévère économie apportée dans toutes les dépenses, et au contrôle vigilant exercé sur les fournitures et l'emploi des denrées. Nos efforts tendent sans cesse à voir l'établissement se suffire autant que possible à lui-même par son organisation intérieure, et puiser dans ses forces productrices la plus grande somme d'éléments nécessaires à ses besoins quotidiens.

I.
Mouvement de la population.

Le mouvement ascensionnel constaté les années précédentes dans la population fournie à l'Asile par les trois départements qui composent sa circonscription habituelle, semble se ralentir. Les pen-

(1) Augmentation constatée par l'inventaire du mobilier, de la lingerie, et du vestiaire.

sionnaires envoyés par le département de la Seine, concourent principalement cette année à l'accroissement du chiffre de nos malades.

Le nombre des aliénés traités a été de.............. 458

En 1861, il n'avait été que de..................... 398

DIFFÉRENCE en plus............ 60

La population existant au 31 décembre 1862 était de 383

Celle constatée au 31 décembre 1861 de........... 339

Soit un accroissement de....... 44 malades parmi lesquels figurent 36 des aliénés envoyés de Paris à Pau ; il suit de là que la population normale n'aurait augmenté que de 8 unités.

Le nombre total des journées de présence a été en 1862 de 136,913

en 1861 de 116,334

DIFFÉRENCE en faveur de 1862....... 20,579

Les aliénés sont administrativement partagés en deux catégories :
1° Les pensionnaires entretenus par leurs familles ;
2° Les aliénés traités au compte des départements ou de l'Etat.
Le nombre des pensionnaires a été de 57 en 1862.

Ils ont produit un total de.................. 16,803 journées

Tandis qu'en 1861, ce total n'allait qu'à...... 15,550 id.

DIFFÉRENCE en faveur de 1862..... 1,253 journées

Voici le détail par classes des journées de présence afférentes aux aliénés pensionnaires :

1re classe.......	5 pensionnaires..	1,314 journées.
2° classe........	12 id.	3,669 id.
3° classe.......	20 id.	6,173 id.
4° classe.......	20 id.	5,647 id.
TOTAUX....	57 pensionnaires..	16,803 journées.

L'augmentation du nombre des journées en 1862, continue à attester un progrès dans lequel nous voyons une preuve de la confiance des familles.

ALIÉNÉS AU COMPTE DES DEPARTEMENTS, OU DE L'ÉTAT, EN 1862.

Basses-Pyrénées..........	191	aliénés donnant	59,104	journées.
Autres départements......	204	id.	60,085	id.
Etat.. { Guerre...........	5	id.	829	id.
{ Intérieur...	1	id.	92	id.
TOTAL	411	id.	120,110	id.
Journées des pensionnaires.	57	id.	16,803	id.

TOTAL GÉNÉRAL.... 458 aliénés donnant 136,913 journées.

Résultat qui donne pour moyenne quotidienne d'aliénés en trai-tement en 1862, le chiffre de 375, c'est-à-dire 56 de plus qu'en 1861.

II.

Eléments de la population de l'Asile de Pau.

L'Asile de Pau reçoit, en outre de ses pensionnaires, et des aliénés du département des Basses-Pyrénées, auquel il appartient, ceux dont l'autorité préfectorale prescrit le placement, dans les départements des Landes et des Hautes-Pyrénées.

Par suite de traités renouvelés pour 10 ans en 1860, il dessert une circonscription de trois départements, dont la population offi-cielle s'élève à 992,130 habitants. Si dans cette contrée l'assistance des aliénés était pratiquée dans la proportion indiquée par les statistiques comme étant la moyenne des besoins reconnus en France, c'est-à-dire, si elle s'appliquait à 1 aliéné sur 1,600 âmes de po-pulation, l'Asile de Pau aurait à recevoir 618 aliénés. Mais il est à présumer, que vu l'absence d'agglomérations urbaines considérables, et qu'en raison des habitudes champêtres et de la dissémination de la plupart des habitants sur de vastes étendues, ce qui écarte bien des causes productrices de la folie, le mouvement ascensionnel tendra à devenir stationnaire, lorsque l'assistance s'appliquera dans cette région à 1 aliéné sur 2,500 âmes. D'après cette donnée, on peut conclure que la progression de la population de l'Asile de Pau s'arrêtera, lorsqu'elle aura atteint de 396 à 400 individus provenant, savoir :

	Population.	Proportion de 1 sur 2,500.	Contingent d'aliénés pour chaque département en 1862.
Des Basses-Pyrénées..	436,442	174	161
Des Landes..........	309,832	124	65
Des Hautes-Pyrénées..	245,856	98	71
Totaux.....	992,130	396	297

Les trois départements de la circonscription sont encore loin d'atteindre la proportion ci-dessus indiquée pour les aliénés à leur charge; c'est ce que démontre la dernière colonne du tableau qui précède.

Département des Basses-Pyrénées.

Au 1er janvier 1862, il existait à l'Asile 157 aliénés au compte du département des Basses-Pyrénées, dont :

		hommes 75.	femmes 82.	Total 157
Sont entrés en 1862............	id.	20	id. 14	id. 34
Total des aliénés traités en 1862..	id.	95	id. 96	id. 191
Sur ce nombre sont sortis guéris ..	id.	8	id. 4	id. 12
décédés.	id.	9	id. 6	id. 15
Total des sorties........	id.	17	id. 10	id. 27

ADMISSIONS.

DIAGNOSTIC de l'affection mentale des malades admis en 1862 :

Monomanie.............	hommes	1	femmes	»	Total	1
Lypémanie.............	id.	2	id.	5	id.	7
Manie	id.	9	id.	6	id.	15
Démence..............	id.	8	id.	3	id.	11
TOTAUX..........	id.	20	id.	14	id.	34

SORTIES.

Les 5 hommes et les 4 femmes sortis guéris en 1862 étaient atteints, savoir ·

De Monomanie...........	hommes	1	femmes	»	Total	1.
De Lypémanie............	id.	1	id.	1	id	2.
De Manie................	id.	3	id.	3	id.	6.
Totaux	id.	5	id.	4	id.	9.

DÉCÈS.

15 décès on eu lieu chez les aliénés des Basses-Pyrénées. Ils sont dûs, savoir :

1 à la paralysie générale,

3 à l'apoplexie.

4 à des lésions des voies digestives (entérite, péritonite et diarrhée).

2 au marasme pellagreux ,

1 au marasme sénil ;

1 à l'épilepsie ;

3 à la fièvre hectique ;

15

Les 191 aliénés traités au compte du département des Basses-Py-rénées, ont donné 59,104 journées de présence, qui ont coûté 59,104 f.

En voici la répartition par sexes :

	Journées :		Montant en argent :
Hommes.........	29,082 — à 1ᶠ 00ᶜ. —		29,082ᶠ.
Femmes.........	30,022 — à 1 00 —		30,022
Totaux.......	59,104		59,104ᶠ.

La moyenne des aliénés indigens des Basses-Pyrénées traités à l'Asile pendant l'année 1862, est de 162.

PENSIONNAIRES DES BASSES-PYRÉNÉES.

Aliénés au compte des familles.......... 35

Dont hommes 20, et femmes 15.

Leur séjour à l'Asile a donné un chiffre de 10,774 journées de présence, représenté par une somme de 21,757 fr. 45 c.

CLASSEMENT :

5 de ces aliénés appartenaient à la 1ʳᵉ classe.

8 — à la 2ᵐᵉ classe.

9 — à la 3ᵐᵉ classe.

13 — à la 4ᵐᵉ classe.

Si l'on ajoute les 35 aliénés pensionnaires, aux 191 placés d'office, et entretenus par le département, nous arrivons au chiffre de 226 aliénés originaires des Basses-Pyrénées, qui pendant l'année 1862 ont reçu des soins à l'asile départemental.

Journées de présence des indigents......	59,104
— des pensionnaires..	10,774
Total..........	69,878

Ce qui donne une moyenne de 191 aliénés, pour le contingent des Basses-Pyrénées dans la population de l'Asile.

La moyenne exclusivement afférente au département est de 162 aliénés; elle est inférieure de 12 au chiffre de 174 posé plus haut comme étant l'expression probable des besoins prochains.

Département des Landes.

Aliénés existants au 1er janvier 1862....... 61.

dont	hommes	31.	femmes	30.	Total	61.
Sont entrés pendant l'année.....	id.	13	id.	5	id.	18
Total des aliénés traités en 1862.	id.	44	id.	35	id.	79
Sur ce nombre sont sortis guéris.	id.	3	id.	2	id.	5
Décédés.......	id.	5	id.	1	id.	6
Total des sorties..........	id.	8	id.	3	id.	11

ADMISSIONS.

DIAGNOSTIC de l'affection mentale des aliénés admis en 1862 :

Monomanie............	hommes	1	femmes	»	Total	1
Lypémanie.....	id.	2	id.	1	id.	3
Manie...................	id.	6	id.	3	id.	9
Démence.................	id.	4	id.	1	id.	5
Totaux..............	id.	13	id.	5	id.	18

SORTIES.

Les cinq malades sortis étaient atteints :

de Lypémanie............	hommes	»	femmes	1	Total	1
de Manie................	id.	3	id.	1	id.	4
Totaux..........	id.	3	id.	2	id.	5

DÉCÈS.

Six décès ont eu lieu chez les aliénés des Landes. Ils sont dûs ;
Savoir :

2 à la congestion cérébrale ;

1 à l'entérite chronique ;

1 au suicide.

2 au marasme pellagreux.

Les 79 aliénés traités en 1862 ont donné 23,919 journées, qui ont coûté 26,310 f. 90 c.

En voici la répartion par sexes :

	Journées :			Montant en argent :
Hommes........	12,567	— à 1ᶠ. 10ᶜ.	—	13,823ᶠ. 70ᶜ
Femmes........	11,352	— à 1 10	—	12,487 20
Totaux.....	23,919			26,310ᶠ. 90ᶜ

La moyenne des aliénés entretenus à l'Asile par le département des Landes, pendant l'année 1862, est de 65 aliénés. Cette moyenne dépasse de 6 unités celle de 1861, qui atteignait à peine 59 aliénés entretenus par le département.

PENSIONNAIRES DES LANDES

Dans la catégorie des pensionnaires figurent ; savoir :

5 hommes, 10 femmes. Total 15.

Leur séjour à l'Asile a donné un chiffre de 4,518 journées de présence, représenté par une somme de 7,811 fr. 10 c.

CLASSEMENT.

3 de ces aliénés appartenaient à la 2ᵐᵉ classe.

7 — à la 3ᵐᵉ classe.

5 — à la 4ᵐᵉ classe.

Si l'on ajoute les aliénés pensionnaires à ceux placés d'office, par ordre de l'autorité, l'on arrive au chiffre de 94.

Département des Hautes-Pyrénées.

Aliénés existants au 1ᵉʳ janvier 1862......							72
dont	hommes	42,	femmes	30.	Total	72.	
Entrés en 1862.................,	id.	7	id.	5	id.	12	
Total des aliénés traités en 1862.	id.	49	id.	35	id.	84	

Sur ce nombre sont sortis guéris.   id.   4   id.   1   id.   5

Décédés.........   id.   12   id.   3   id.   15

Total des sorties.............   id.   16   id.   4   id.   20

Aliénés restants au 1ᵉʳ janvier 1863, Savoir :

hommes 33. femmes 31. Total 64.

ADMISSIONS.

Voici le relevé des divers diagnostics qui ont été notés pour les malades admis dans l'année :

Monomanie.................   hommes   1   femmes   »   Total   1

Lypémanie.................   id.   2   id.   »   id.   2

Manie.....................   id.   3   id.   3   id.   6

Démence...................   id.   1   id.   2   id.   3

Total égal...............   id.   7   id.   5   id.   12

SORTIES.

Voici le diagnostic du trouble intellectuel qu'avaient présenté à notre observation les 5 aliénés sortis en état de guérison :

Monomanie.................   hommes   1   femmes   »   Total   1

Lypémanie.................   id.   1   id.   »   id.   1

Manie.....................   id.   2   id.   1   id.   3

Total égal...............   id.   4   id.   1   id.   5

DÉCÈS.

Les 15 décès qui ont eu lieu parmi les aliénés des Hautes-Pyrénées sont dûs, savoir :

3 à la paralysie générale ;

3 à la congestion cérébrale ;

3 à des affections des voies digestives (Entérite et diarrhée);

2 au marasme sénil ;

2 à des affections organiques du cœur ;

2 à la fièvre hectique et de consomption ;

Les 84 aliénés traités au compte du département des Hautes-Pyrénées, ont donné 26,063 journées de présence, qui ont coûté 28,669 f. 30 c.

En voici la répartition par sexes :

	Journées :		Recettes en argent :
Hommes.........	15,087 — à 1ᶠ. 10ᶜ. —	16,595ᶠ. 70ᵒ.
Femmes.........	10,976 — à 1 10 —	12,073 60.
Totaux...........	26,063	28,669ᶠ. 30ᶜ.

La moyenne des aliénés entretenus à l'Asile par le département des Hautes-Pyrénées, pendant l'année 1862, s'élève à *71.*

PENSIONNAIRES DES HAUTES-PYRÉNÉES.

Aliénés placés volontairement par leurs familles, **3.**

Dont hommes **2**, et femmes **1.**

Leur séjour à l'Asile a donné un chiffre de 737 journées de présence, représenté par une somme de 996 fr. 70 c.

Deux de ces aliénés appartenaient à la 3ᵉ classe des pensionnaires, et *un* à la 4ᵉ.

Si l'on ajoute les 3 aliénés pensionnaires aux 84 placés d'office, et entretenus par le département, l'on arrive au chiffre de 87 aliénés originaires des Hautes-Pyrénées, qui pendant l'année 1862 ont reçu des soins à l'Asile de Pau.

Journées de présence des indigents.........	26,063
Idem des pensionnaires.....	737
TOTAL...................	26,800

Ce qui donne une moyenne de 73 aliénés pour le contingent des Hautes-Pyrénées dans la population de l'Asile de Pau.

Pensionnaires d'autres départements.

Le département de la Seine a entretenu cette année à l'Asile

41 aliénés, dont 11 hommes et 30 femmes, chez qui la mortalité a fait 4 victimes, savoir : 1 homme et 3 femmes.

Leur séjour a produit 9,738 journées de présence, ce qui, à 1 fr. 20 c., donne 11,685 fr. 60 c.

Le département du Gard entre dans notre contingent pour *un* malade, l'Administration de la guerre pour 5, et le Ministère de l'intérieur pour *un* aliéné.

Parmi les pensionnaires entretenus par les familles, nous avons obtenu 8 guérisons ainsi réparties :

	Hommes.	Femmes.	Total.
Malades atteints de manie......	2	3	5
Idem de lypémypémanie	1	2	3
TOTAUX.......... .	3	5	8

Ce qui, avec les aliénés du régime commun sortis guéris en 1862, porte à 27 le nombre de nos succès thérapeutiques. Ce nombre serait bien plus élevé, si nous n'en avions éliminé les malades considérés comme guéris au moment de leur sortie, mais ayant éprouvé dans le courant de l'année une rechûte suivie de réintégration.

III.

Recettes de l'Exercice 1862.

La principale source des revenus de l'Asile de Pau consiste dans le produit des journées de présence. Aussi l'importance du chiffre des Recettes s'accroît-elle en proportion directe du chiffre de la population. C'est ce que démontre le tableau suivant :

PRODUIT DES JOURNÉES DE PRÉSENCE :

	Familles.	Communes.	Département.	Total.
Basses-Pyrénées......	1,820 95	9,322 28	47,960 77	59,104
Hautes-Pyrénées	1,086 53	»	27,582 77	28,669 30
Landes........... .	325 57	»	25,985 33	26,310 90
Seine..............	»	»	11,685 60	11,685 60
Gard............	»	»	401 50	401 50
Etat...{ Guerre......	»	»	911 90	911 90
{ Intérieur. ..	10 12	9 10	81 98	101 20
Total en 1862......	3,243 17	9,331 38	114,609 85	127,184 40
Chiffres de 1861...	2,305 52	8,217 48	95,043 60	105,566 60
Augmentation en 1862.	937 65	1,113 90	19,566 25	21,617 80

Le produit des journées au compte de l'assistance publique, et placés au régime commun, s'est accru en 1862 de 21,617 fr. 80 c.

La progression du produit des journées des pensionnaires au compte de leurs familles, a pris cette année un grand essor.

Les Recettes fournies par les pensionnaires en 1862 ont monté à 30,696 fr. 98 c.

Prix de journée :	Recette effectuée :
1re classe.... 3f 50c	4,750f 00c
2e classe.... 2 74	10,102 38
3e classe.... 1 60	9,595 00
4e classe.... 1 10	6,249 10
Total..............	30,696f 98c
Chiffres de 1861.....	27,691 20
Différence en faveur de 1862........	3,025f 78c

Une recette dont la progression croissante mérite d'être remarquée est celle fournie par les revenus en nature consommés dans l'établissement :

Limitée en 1860 à .... 1,467 fr. 77 c.

Elle s'élevait en 1861 à 8,370 07

Pour atteindre en 1862 à ...... 11,963 »

Dans le compte figurent aussi :

1° Excédant de l'exercice clos, pour .... 13,444 fr. 06 c.

2° Recouvrem¹ des recettes arriérées de l'exercice 1861, 25,185 66

3° Deux recettes non prévues aux budgets, montant à 1,985 73

40,615 fr. 45 c.

Enfin, les Recettes totales de l'exercice 1862 s'élèvent à la somme de.............. 219,372 fr. 31 c.

sur lesquelles il a été recouvré.... 200,860 25

Restes à recouvrer.... 18,512 fr. 06 c.

IV.

Dépenses de l'exercice 1862.

Les Dépenses totales de l'exercice 1862, s'élèvent d'après le compte à...... .... 162,830 fr. 61 c.

Celles de 1861 avaient été de. 153,846 46

Différence en plus en 1862.......... 8,984 15

Les dépenses extraordinaires, avec celles non prévues aux budgets, s'élèvent à la somme de.................. 13,625 fr. 24 c. à déduire du montant gén¹ des dép., savoir : 162,830ᶠ 61ᶜ

Dépenses extraord. et dépenses non prévues aux budgets... 13,625 24

Reste pour les dépenses ordin. 149,205ᶠ 37ᶜ

Dépenses ordinaires de 1861. 140,400 65

Il reste pour l'augmentation de dépense ordinaire en 1862.. 8,804ᶠ 72ᶜ

Cette augmentation s'explique par la présence à l'Asile de 44 aliénés de plus que l'année précédente.

Le prix de revient de la journée, qui ressortait par chaque malade
en 1861 à .... 1 fr. 05 c. 90.30
s'élève en 1862 à 1   08   97.89

Différence plus. .... 0 fr. 03 c. 07.59

qui démontre la nécessité de maintenir les prix de journée aux taux actuels. La moindre réduction viendrait enrayer la marche des services, et les projets d'amélioration qui ont été soigneusement élaborés.

Voici le détail des dépenses propres à l'exercice 1862 :

ART. 1er Traitement du Directeur-médecin .... .   4,000 fr. »
    (Décret organique du 24 mars 1858).

ART. 2. Traitement du Receveur-économe ....   2,000 fr. »
    (Porté à 2,500 fr. à dater de 1863, par arrêté préfectoral du 10 octobre 1862).

ART. 3. Traitement des employés de l'administration   1,200 fr. »

ART. 4. Traitem.t des employés du service médical   1,052 fr. 77 c.

Augmentation de 152 fr. 77 c. motivée par l'élévation du trait.t de l'élève interne de 600f à 800f.

ART. 5. Traitement de l'Aumônier. ....   1,000 fr. »

ART. 6. Vestiaire des Sœurs ....   1,173 fr. 33 c.
    Une sixième sœur a été réclamée par les besoins du service.

ART. 7. Solde des préposés et servants en 1862 ..   5,935 fr. 63 c.
    idem   en 1861 . ....   5,519 fr. 68 c.

Augmentation en 1862 ....   415 fr. 95 c.

motivée par quelques élévations de traitement, et par la présence continue du nombre réglementaire des préposés.

5

ART. 8. Frais de culte......... .... 418 fr. 04 c.

ART. 9. Frais de sépulture. .... 136 fr. 14 c.

ART. 10. Frais d'administration, de bureau, d'impression et d'école :

Dépensé en 1862............ ..... 1,488 fr. 94 c.

id.   en 1861.. 989   80

Augmentation. .... 499 fr. 14 c.

plus que justifiée par les frais d'enregistrement de l'acte d'achat d'un terrain à la ferme St-Luc.

ART. 11. Assurances contre l'incendie. ....,. 78 fr. 90 c.

ART. 12. Pain. — Dépensé en 1862............ 33,428 fr. 18 c.

id.   en 1861............ 30,091 fr. 56 c.

Augmentation. .... 3,336 fr. 62 c.

Le prix moyen du kilogramme de pain était en 1861 de...................... .... 0 fr. 33 c. 606

Il n'était en 1862 que de. 0   32   903

Différence en moins en 1862. . 0 fr. 00 c. 703

Mais la consommation moyenne de l'Etablissement a monté par jour de 245^k 319, à 278^k 340, soit de 33^k 021 en plus.

ART. 13. Viande.- Consommé en 1862. 21,703^k 555. Coût^t 18,892 24

id.   en 1861. 19,283^k 935. — 17,413^f 72

Augmentation en 1862. 2,419^k 620. — 1,478 52

Le prix moyen du kilogramme de viande ressort pour 1861 à................... .... 0 fr. 85 c. 634

Il s'élève en 1862 à.......... 0   87   046

Différence en plus en 1862.. 0 fr. 01   412

La consommation moyenne et quotidienne de viande dans l'Etablissement se trouve être en 1862 de... 59ᵏ461

Elle était en 1861 de............. 52 832

    Augmentation 6ᵏ629

qui s'explique par le progrès du nombre des consommateurs.

Arт. 14. Vin et vinaigre. — Dépense en 1862.. 8,616 fr. 00 c.

                               en 1861.. 8,267 80

    Augmentation en 1862................ 348 fr. 20 c.

La consommation moyenne et quotidienne de vin est en 1862 de.......................... 75 lit. 87 c.

En 1861 de.................... 66 75

Augmentation journalière de consommation en 1862.................... 9 lit. 12 centilitres, dûe aussi à l'accroissement de la population de l'Asile.

Arт. 15. Comestibles. — La dépense de 1861 était de............................ 13,833 fr. 78 c.

Celle de 1862 de...................... 13,210 68

    Diminution.................. .... 623 fr. 10 c.

L'abondance des revenus en nature tend sans cesse à restreindre la dépense des comestibles.

Arт. 16. Pharmacie. — Dépensé en 1862. ... 870 fr. 63 c.

               id.   en 1861... 705 47

    Augmentation..................... .. 165 fr. 16 c.

motivée surtout par une recrudescence d'affections incidentes survenue dans le cours du second semestre de l'année.

Arт. 17. Tabac........................... 923 fr. 25 c.

La distribution du tabac aux malades du régime commun a été plus que doublée, à leur grande satisfaction, grâce à la faculté accordée par l'administration, de leur délivrer du tabac de cantine à 4 fr. le kilogramme.

Le crédit alloué à cet effet n'a cependant pas été complètement épuisé.

ART. 18. LINGERIE ET VÊTURES. — Dépensé

en 1862... .... 12,585 fr. 78 c.

en 1861............................... 12,058 26

Augmentation........................ 527 fr. 52 c.

Peu importante, si l'on se reporte au chiffre actuel de nos malades.

ART. 19. DÉPENSES DU COUCHER.............. 3,857 fr. 09 c.

C'est-à-dire à peu près la même somme que l'année précédente.

ART. 20. ENTRETIEN ET RENOUVELLEMEET DES MEUBLES ET USTENSILES.

La dépense de 1861 était de.............. 4,913 fr. 60 c.

En 1862 elle s'est bornée à............... 4,069 19

Diminution........................... 844 fr. 41 c.

L'exercice précédent avait été grevé de l'achat d'un nombre plus considérable de lits en fer, que nous faisons venir de Metz, au prix de 34 francs l'un, port compris, au lieu de 55 fr. que coûtaient naguères les lits du même genre confectionnés à Pau.

ART. 21. BLANCHISSAGE. — Dépensé en 1862.. 3,266 fr. 20 c.

en 1861.. 3,016 24

Augmentation........................ 501 fr. 50 c.

La construction prochaine d'une buanderie à St-Luc atténuera incessamment cette dépense. La section des femmes trouvera là des éléments d'occupation à sa portée, et le linge de l'Etablissement durera davantage, étant blanchi avec plus de soin.

ART. 22. CHAUFFAGE. — Dépense de 1861....... 3,517 fr. 74 c.

En 1862 elle n'a monté qu'à........ ...... 2,897 50

Economie sur le chiffre de l'an dernier..... 368 fr. 70 c.

ART. 23. ECLAIRAGE...................... 1,162 fr. 03 c.

Chiffre à peu près analogue à celui de l'an dernier.

ART. 24. ENTRETIEN DES BATIMENTS ET MURS. —

Dépense en 1862... .... 3,354 fr. 84 c.

   id.   en 1861...................... 3,068   39

        Augmentation....................... .... 286 fr. 45 c.

ART. 25. FRAIS DE CULTURE. — En 1862........ 1,691 fr. 79 c.

Ils n'étaient en 1861 que de................. 813 .24

        Augmentation...................... .... 878 fr. 55 c.

motivée sur l'extension donnée au travail et à la colonisation agricoles.

ART. 26. GRATIFICATIONS AUX TRAVAILLEURS ...... 1,299 fr. 10 c.

ART. 27. FOURRAGE ET LITIÈRE.— Dépense de 1861. 1,574 fr. 71 c.

                             id.   de 1862.   992   25

        Diminution........................ .... 582 fr. 46 c.

dùe aux produits récoltés sur la ferme. .

ART. 28. DÉPENSES IMPRÉVUES................. 306 fr. 50 c.

ART. 29. RESTITUTION DE TROP PERÇU. 412   74

ART. 30. AVANCES AUX FAMILLES.............. ... 826   50

ART. 31. LOYER DE LA FERME................. ... 2,000   00

ART. 32. TRANSPORT D'ALIÉNÉS............. 53   30

ART. 33. REVENUS EN NATURE consommés dans l'Etablissement, se compensant avec l'art. 17 des Recettes......... 11,963   19

ART. 34. ÉVALUATION DU TRAVAIL DES ALIÉNÉS, se compensant avec l'art. 18 des Recettes.... 3,791   10

        TOTAL des Dépenses ordinaires.. 149,205 fr. 37 c.

DÉPENSES EXTRAORDINAIRES.

ART. 35. CONSTRUCTION DES INFIRMERIES. — Payé pour solde à l'Entrepreneur....... .... 12,625 fr. 24 c.

DÉPENSES NON PRÉVUES AU BUDGET.

Gratification à l'Architecte. 1,000   00

TOTAL des Dépenses extraordinaires... 13,625 fr. 24 c.

Telles sont les dépenses de toute nature faites pendant l'exercice 1862. Il a été amplement pourvu aux besoins des divers services ; le régime alimentaire a toujours été sain, de bonne qualité et abondant. Des améliorations incessantes ont été apportées aux bâtiments, au mobilier, au vestiaire, etc., et néanmoins la situation financière n'a point cessé d'être favorable.

En voici le résumé :

Recettes.............................. 200,860 fr. 25 c.

Dépenses............................. 162,830   61

Excédant de Recettes............. 38,029 fr. 64 c.

Montant des restes à recouvrer.... 18,512   06 (1)

Ce qui élève l'excédant total actuellement disponible à............................. 56,541 fr. 70 c.

Cette somme sera reportée au budget supplémentaire de 1863.

V.

Considérations générales.

Secondé sous le rapport administratif par M. Lacaze, Receveur-économe et par le Secrétaire de la Direction, sous le rapport médical par M. Broc, interne titulaire et par l'interne suppléant, j'ai vu ma tâche singulièrement facilitée par l'harmonie qui n'a cessé de régner dans un personnel dont le chiffre ne s'élève pas à moins de 42 personnes. Le concours des fonctionnaires, employés et préposés de l'Asile est actif, empressé, intelligent. Tous savent que l'ordre, la discipline, l'amour du devoir, sont les bases essentielles d'une bonne administration, et que la moindre défaillance pourrait faire sortir de la bonne voie un personnel dont l'autorité supérieure a toujours apprécié les efforts avec indulgence.

---

(1) Peu de jours après la clôture de l'exercice, le département des Basses-Pyrénées a versé les quotités à la charge des familles et des communes, à concurrence de 11,153 fr. 35 c., ce qui réduit à 7,358 fr. 71 c. les restes à recouvrer sur 1862.

J'ai en M. l'Aumônier un collaborateur prudent, dont le tact égale le dévouement, et qui sait de quelle réserve il faut user envers les aliénés, si souvent enclins aux exagérations.

L'Asile a perdu en sœur Victoire, supérieure des sœurs de la charité, un auxiliaire précieux et vénéré. Cette perte a été adoucie par le choix de la sœur appelée à lui succéder. Sœur Angélique, aujourd'hui supérieure de la petite communauté qui dessert l'Asile, y rendait déjà depuis 12 ans des services aussi utiles que modestes. Elle possède à un haut degré les qualités nécessaires pour faire le bien dans un service d'aliénés.

Les bâtiments de l'Asile ont aujourd'hui reçu tous les compléments dont ils étaient susceptibles. Quatre sections jadis dépourvues de réfectoire, n'ont désormais rien à envier aux sections voisines; les infirmeries sont belles et spacieuses; les bains, centralisés entre les deux divisions, sont convenablement installés; des hangars pour le bois et les fournitures encombrantes ont été disposés; une cour de service sert aux communications avec la ferme et au stationnement de nos attelages, pour lesquels une écurie et une remise ont été ménagées.

La cour d'honneur a été décorée de petits parterres qui en égaient l'aspect, et tendent à éloigner des personnes qu'on nous amène l'idée d'une triste séquestration. On ne saurait trop, en effet, chercher à donner à un Asile d'aliénés l'apparence d'une maison de santé, plutôt que celle d'un lieu de réclusion.

La cour des ateliers est plantée en quinconces, et comme la plupart de nos préaux, ornée de pelouses et de fleurs.

Presque toutes les appropriations se font en entier par nos malades, d'une manière satisfaisante et peu dispendieuse.

Voici un aperçu succinct des travaux exécutés cette année dans nos ateliers :

1° ATELIER DE CORDONNIERS :

Confection ou réparation de 410 paires de souliers et de 79 paires de sabots.

2° ATELIER DE TISSERANDS :

Tissage de 524 mètres de toile écrue avec le chanvre filé dans la division des femmes.

3° ATELIER DE TAILLEURS :

Confection de 348 vestes, tuniques, gilets ou pantalons.

4° ATELIER DE MENUISERIE ET CHARPENTE :

Confection de 287 articles divers, parmi lesquels les plus saillants sont la construction d'un ouvroir, puis 25 lits en chêne, des fauteuils, des châssis vitrés, 4 armoires ou placards, etc., etc.

5° ATELIER DE SERRURERIE :

Cet atelier figure au compte de l'Economat pour 815 articles, sur lesquels 110 articles neufs et 705 réparations ou appropriations.

6° ATELIER DE PEINTURE, VITRERIE, BADIGEON, PLATRERIE :

A concouru à l'érection de l'ouvroir, à l'aménagement d'un dortoir et de chambres mansardées, et à l'entretien habituel des bâtiments.

7° OUVROIR DES FEMMES.

3,643 articles de lingerie, literie et vêture sont sortis de l'ouvroir des femmes, qui suffit à tous les confectionnements.

8' ENFIN, les femmes ont filé 297 kilos. de filasse pour alimenter l'atelier des tisserands.

Les résultats de l'organisation du travail dans ces ateliers, ont une importance majeure, tant sous le rapport thérapeuthique, que sous le rapport économique. Ils améliorent la condition physique et morale de nos malades, et dispensent l'établissement de l'appel si fréquent autrefois, si rare aujourd'hui, des ouvriers du dehors.

VI.

Déplacement de l'Asile.

Malgré les nombreuses améliorations introduites dans notre institution, il est des inconvénients majeurs, inhérents à sa situation même, qui rendent désirable sa translation hors ville. De trois côtés les maisons voisines dominent l'Asile, ce qui nuit à l'isolement des malades, et leur fournit des causes incessantes de surexcitation. Nous constatons des communications clandestines, et jusqu'à des colloques avec des personnes de sexe différent, dont les habitations ont vue directement sur les préaux ou jardins de l'établissement. Nos malades deviennent quelquefois l'objet d'une indécente curiosité ; nous avons vu des femmes placer dans un jardin limitrophe, contre le mur de l'Asile, une échelle du haut de laquelle elles venaient se repaître du triste spectacle de la folie de nos infortunés pensionnaires. Notre intervention ne parvient qu'imparfaitement à pallier ces abus.

D'autre part, M. le Maire de Pau se rendait, dès 1857, l'interprète des réclamations d'un grand nombre d'habitants de la ville, se plaignant du voisinage des aliénés et ne proposant rien moins que de les exclure du jardin qui, par son étendue et sa situation, peut leur offrir le plus d'agrément. Cette mesure était impraticable, vu l'exiguité de l'emplacement qui leur a été destiné jusqu'à présent. Si l'Asile a à souffrir du voisinage de quartiers populeux, on doit convenir en revanche qu'il constitue lui-même un voisinage fort incommode, dans une ville élégante, qui doit à la beauté de son site, à la douceur de son climat, la fréquentation d'opulents étrangers, accourus de toutes les parties du monde civilisé, pour y passer la saison rigoureuse.

Tel est l'abrégé des motifs qui militent en faveur du déplacement de l'Asile actuel ; je me suis assez longuement étendu sur les moyens d'y parvenir, pour pouvoir me dispenser de revenir sur cette question.

En me faisant le promoteur du déplacement de l'Asile, je crois inutile d'ajouter que toute considération qui me serait personnelle a été écartée. Je ne me suis point dissimulé que la réalisation de cette mesure me fera échanger une résidence agréable, située dans le quartier le plus animé d'une ville de luxe et de plaisir, contre un séjour rural, auprès des malades auxquels je me suis dévoué. Mais puisant uniquement les éléments de ma conviction dans le sentiment du devoir, dans l'appréciation de l'intérêt vrai de l'institution et de l'intérêt départemental, j'ai fait abnégation de mes propres convenances, afin de poursuivre, sans regret ni arrière pensée, l'exécution d'une idée dont le désintéressement ne saurait demeurer douteux.

SERVICE MÉDICAL.

I.

J'aborde maintenant l'examen du service médical de l'Asile.

La plupart des formes de l'aliénation mentale ont été observées en 1862 à l'Asile de Pau. Je suivrai dans l'exposition de ces formes la classification d'Esquirol, malgré les critiques dont elle a été l'objet depuis quelques années. Si je la préfère à toute autre, c'est que basée sur un ensemble symptomatique qu'on arrive facilement à saisir, elle est encore généralement suivie, et, au point de vue pratique, est restée supérieure aux essais modernes de classification.

L'épilepsie, étant une cause fréquente et quelquefois une complication de la folie, mais n'en constituant pas une forme distincte, n'entre que secondairement dans le cadre nosologique qui va suivre. Primitive ou consécutive, elle coexiste rarement avec la lypémanie. Nous l'observons plus fréquemment dans les cas de manie, d'imbécillité et d'idiotie. Toujours l'épilepsie aggrave singulièrement le pronostic, car elle amène à sa suite un affaiblissement progressif des facultés intellectuelles.

Je ferai à propos de la paralysie générale les remarques que je viens de formuler sur l'épilepsie; j'ajouterai qu'elle complique habituellement dans notre service un état de démence, et beaucoup plus rarement un état de manie. Cette redoutable affection sévit avec une intensité croissante parmi les hommes, qui, d'après les relevés annuels, y sont infiniment plus sujets que l'autre sexe.

Il ne m'a pas été donné d'observer le crétinisme dans l'Asile, bien que dans les vallées des Pyrénées tous les observateurs des dégénérescences de l'espèce humaine aient signalé la présence de cagots, de goîtreux, idiots et crétins.

La plupart de ces déshérités de l'intelligence étant, dans ces contrées, considérés comme inoffensifs, l'autorité n'en ordonne pas le placement, et ils n'imposent pas aux finances départementales la charge de leur entretien. Ils végètent misérablement dans leurs familles, et demeurent l'objet de la stérile pitié des philanthropes.

Le nombre des idiots et des imbéciles est aussi fort restreint à l'Asile de Pau ; ceux qui s'y trouvent présentent pour la plupart une complication pathologique, qui les rend dangereux pour la société. S'ils n'accroissent guère le chiffre de notre population, ils accroissent néanmoins le nombre de nos incurables.

La surdi-mutité coïncide presqu'invariablement avec un état d'imbécillité ou d'idiotie Il est des idiots qui, sans être complètement sourds, ont cependant l'ouïe très-dure, et qui, sans être muets, n'articulent que des sons presqu'inintelligibles. Cette lésion de la parole et du sens de l'ouïe existe chez eux à différents degrés, et souvent se rapproche beaucoup de la surdi-mutité.

Un grand nombre de nos malades sont atteints d'hallucinations, tandis que j'en ai observé fort peu qui fussent sujets aux illusions. Peu croient reconnaitre dans les personnes qui les environnent des parents, des amis, des ennemis ; mais une foule voient, entendent, des êtres insaisissables, ou expriment les souffrances qu'ils en endurent. De toutes les hallucinations, les plus fréquentes sont celles de l'ouïe ; il est remarquable qu'elles existent plus particulièrement chez ceux de nos malades qui ont l'ouïe dure ou complètement perdue ; je pourrais même en citer un qui se plaint de voix importunes dans l'oreille droite, où l'audition ne se fait que très-imparfaitement, tandis qu'il n'accuse rien dans l'oreille gauche, de laquelle il entend mieux. D'après cela, il semblerait que plus la fonction normale est altérée, plus l'hallucination se développe. Je n'oserais néanmoins affirmer ce fait, car il existe fréquemment des hallucinations de l'ouïe chez des malades dont les organes auditifs ne présentent ni lésion organique, ni lésion fonctionnelle. Après les hallucinations de l'ouïe, viennent par degré de fréquence celles de la vue et celles du toucher, puis celles du goût, et enfin celles de l'odorat, qui sont infiniment plus rares. L'existence d'hallucinations est presque toujours une circonstance grave, une présomption d'incurabilité.

Les aliénés existant au 1.er janvier 1862 étaient classés ainsi :

	Hommes.	Femmes.	Total.
Manie aiguë ou chronique	54	74	
Id. ébrieuse......................	7	2	156
Id. avec épilepsie..................	11	8	
Démence primitive ou consécutive.	24	27	
Id. avec paralysie générale	19	6	78
Id. avec épilepsie..............	2	»	
Lypémanie.............	25	22	
— id. avec stupeur.................	7	15	69
Monomanie.........................	15	1	16
Imbécillité.......	6	3	
— id. avec épilepsie.........	2	2	13
Idiotie.............................	3	2	
— id. avec épilepsie...	»	1	6
Folie imputée.....	1	»	1
Totaux.................	176	163	339

Voici maintenant le diagnostic porté sur l'affection mentale des 119 individus admis dans le courant de l'année 1862.

	Hommes.	Femmes.	Total.
Manie aiguë ou chronique..............	18	21	
— id. ébrieuse....	1	»	
— id. avec épilepsie..............	5	4	50
— id. avec paralysie générale........	»	1	
Démence primitive ou consécutive........	3	8	
— id. avec paralysie générale....	15	3	29
Lypémanie.............	4	9	
— id. avec stupeur..................	»	2	16
— id. avec épilepsie..............	1	»	
Monomanie..	4	7	11
A reporter.	51	55	106

	Hommes.	Femmes.	Total.
Report	51	55	106
Imbécillité............................	3	8	
— id. avec épilepsie..............	1	1	13
Idiotie................................	»	»	»
— id. avec épilepsie....	»	»	»
Totaux....................	55	64	119

Si nous récapitulons les deux tableaux qui précèdent, nous arrivons à une classification d'ensemble, savoir :

Manie..............................	206
Démence..........................	107
Lypémanie.........................	85
Monomanie........................	27
Imbécillité........................	26
Idiotie	6
Folie imputée......................	1
Total égal au nombre des individus traités en 1862............................	458

II.

Admissions.

L'Asile de Pau dessert une circonscription de trois départements, (Basses-Pyrénées, Hautes-Pyrénées et Landes) , et reçoit en outre des pensionnaires au compte des familles, du Ministère de la Guerre , et de divers départements, notamment du département de la Seine.

Le chiffre des malades admis en 1862 s'élève à 119, entrés ainsi qu'il suit :

	Hommes.	Femmes.	Total.
1er Trimestre....................	12	5	17
2me id........................	24	40	64
3me id........................	9	12	21
4me id........................	10	7	17
Totaux....................	55	64	119

Les admissions ont été très-inégalement réparties ; elles ont été très-nombreuses pendant le second trimestre, ce qui tient à des circonstances exceptionnelles, savoir : en avril l'entrée collective de 25 malades de la Seine, et en mai celle de 15 femmes du même département.

ETIOLOGIE.

A l'Asile de Pau, comme dans la plupart des autres Asiles, les causes prédisposantes et déterminantes de la folie demeurent souvent inconnues au médecin chargé de la traiter. L'éloignement des contrées d'où viennent les malades, et l'incurie des parents, motivent fréquemment cette absence de renseignements. La statistique étiologique demeure forcément incomplète ;

Voici en résumé ce que j'ai pu constater :

		Hommes.	Femmes.	Total.
Causes prédisposantes.	Prédisposition héréditaire................	2	4	6
	Existence d'accès antérieurs de folie......	3	8	11
	Causes prédisposantes inconnues..........	50	52	102
	Totaux........	55	64	113
Causes déterminantes.	Causes physiques.....	14	13	27
	Causes morales......	3	4	7
	Causes réunies.......	2	3	5
	Causes inconnues.....	36	44	80
	Totaux........	55	64	119

Parmi les causes physiques, chez les hommes, on trouve les excès de tout genre, la pellagre et l'épilepsie. Chez les femmes, l'épilepsie est une cause aussi fréquente que dans l'autre sexe ; les excès peuvent plus rarement être accusés, et la pellagre ne semble pas jouer un aussi grand rôle. Malheureusement la folie est souvent chez elles la suite d'affections propres à leur sexe : L'hystérie occasionne et complique fréquemment leur affection mentale, et l'époque de la ménopause est quelquefois le seul élément étiologique que nous trouvions dans leurs antécédents. La misère à elle seule ne m'a paru avoir produit la folie dans aucun cas, tandis que l'excès du travail intellectuel et les regrets de l'ambition déçue, chez les hommes, le chagrin résultant d'un mariage manqué, et les préoccupations religieuses, chez les femmes, m'ont semblé dans quelques cas avoir amené directement ce résultat funeste.

AGE DES ALIÉNÉS ADMIS.

	Hommes.	Femmes	Total.
Aliénés âgés de moins de 15 ans.......	2	»	2
— id. — de 15 à 20 ans...	2	1	3
— id. — de 20 à 25 ans....	7	5	12
— id. — de 25 à 30 ans....	5	7	12
— id. — de 30 à 35 ans....	17	12	29
— id. — de 35 à 40 ans.....	4	14	18
— id. — de 40 à 50 ans.....	11	16	27
— id. — de 50 à 60 ans.....	7	6	13
— id. — de 60 à 70 ans.....	»	1	1
— id. — de 70 et au dessus..	»	2	2
Totaux.......	55	64	119

C'est dans la période virilité ou dans l'âge mûr, que l'on a quelquefois appelé la seconde jeunesse, c'est-à-dire de 20 à 60 ans, que nous comptons le plus grand nombre de cas de folie ; le tableau précédent confirme ce fait, qui a été généralement observé.

ÉTAT CIVIL.

Mariés...................	18	24	42
Célibataires....................	35	28	63
Veufs....................	2	10	12
Etat civil inconnu................	»	2	2
Totaux.........	55	64	119

Nous pouvons vérifier ici l'exactitude de l'opinion qui considère le célibat comme une condition favorable à la production de la folie. Il semblerait que dans cette condition la raison des hommes se perd plus fréquemment que celle des femmes. Si chez les femmes les privations des sens ont parfois un retentissement facheux sur l'intelligence, on ne peut admettre une pareille cause pour se rendre raison de l'aliénation mentale chez les hommes célibataires. Chez eux ce serait plutôt, d'après nos observations journalières, des causes tout opposées à la continence qui déterminent l'aliénation mentale.

PROFESSIONS.

	Hommes.	Femmes.	Total.
Professions libérales.....................	19	8	27
id. industrielles, mécaniques et autres.	15	23	38
id. agricoles...........................	14	24	38
Sans professions, ou inconnues.........	7	9	16
TOTAUX...............	55	64	119

La profession agricole étant la plus répandue dans nos contrées, le nombre de cas de folie qu'elle nous a fournis est restreint, si l'on considère celui des autres catégories. Ce nombre, au contraire, est proportionnellement considérable dans les professions industrielles et très-élevé dans les professions libérales.

INSTRUCTION :

	Hommes.	Femmes.	Total.
Instruction libérale...............	9	8	17
Sachant lire et écrire.............	33	40	73
Sans instruction..................	13	12	25
Instruction inconnue.............	»	4	4
	55	64	119

Ces résultats sont une preuve frappante des progrès de l'instruction dans les classes laborieuses des départements du *sud-ouest* de la France.

III.
Sorties.

	Hommes.	Femmes.	Total.
Malades guéris............	15	12	27
Sortis pour autres causes.........	3	1	4
TOTAUX............	18	13	31

Les 27 malades guéris étaient, quant au diagnostic, rangés dans les catégories suivantes :

	Hommes.	Femmes.	Total.
Manie............	10	8	18
Lypémanie.......... .	3	4	7
Monomanie..........	2	»	2
TOTAUX.........	15	12	27

Il est d'observation que les cas les plus nombreux de guérison sont fournis par les aliénés dont la maladie était de date récente relativement à leur séquestration. C'est un résultat qu'on ne devrait jamais perdre de vue. On attend souvent trop longtemps avant de songer à mettre les aliénés en traitement. Il y a à cette hésitation quelques causes que je crois utile de signaler, notamment deux erreurs plus répandues qu'on ne le supposerait, après tout ce qui a été écrit sur le traitement de l'aliénation mentale. La première consiste à regarder l'Asile comme une maison de force, à l'appeler une maison de force : il n'est pour ainsi dire pas de mois où nous n'ayons occasion de constater cette idée fausse, qui vient peut-être de ce que primitivement l'Asile n'était pas uniquement destiné aux aliénés. On ne saurait trop combattre ce préjugé vulgaire, que le temps sans doute fera disparaître, et à cause duquel on ne demande à l'autorité la séquestration des malades, que lorsqu'ils sont devenus dangereux. Il faut que le pu-

6

blic sache que l'Asile est une maison de santé où les déchéances morales trouvent un refuge tutélaire et bienveillant, dont la coercition
est sévèrement bannie, où le bien-être des malades est la principale
préoccupation de ceux qui leur donnent des soins. L'autre erreur non
moins funeste, c'est l'espoir que trop souvent les parents d'un aliéné
nourrissent de le voir guérir sous l'influence des efforts de leur dévouement et de leur affection. Lorsque cet espoir est déçu, et il l'est
presque toujours quand on se décide trop tard à recourir à la séquestration, l'isolement, ne poùvant enlever à l'aliéné des habitudes qui
eussent été prévenues au début, a perdu beaucoup de son influence
médicatrice. C'est à ce second préjugé, comme au précédent, que beaucoup de malades doivent l'incurabilité de leur affection.

En ce qui touche le traitement que j'ai l'habitude d'opposer aux diverses manifestations de la folie, je me bornerai à en exposer som-
mairement les données principales; savoir :

TRAITEMENT MORAL.

Discipline, régularité des actes. — Isolement. — Retour graduel
aux habitudes de sociabilité. — Jeux. — Promenades ou voyages. —
Emotions variées. — Lectures simples et choisies. — Correspondances
avec les familles. — Visites ménagées avec opportunité. — Exercices
religieux. — Pénalités légères, réprimandes, éloges ou récompenses.
Changement de section.—Encouragements. — Musique et chant, etc.

TRAITEMENT PHYSIQUE.

Bains tièdes plus ou moins prolongés. — Affusions. — Irrigations
froides. — Aspersion. — Purgatifs huileux ou salins. == Opiacés. —
Calmants de tout genre, souvent associés au quinquina. — Antispas-
modiques. — Electrisation. — Gymnastique — Ethérisation. — Soins
hygiéniques. — Révulsifs et dérivatifs. — Régime alimentaire varié et
réparateur. La médication tonique et analeptique est celle que nous
employons habituellement. Nous sommes très-avare d'émissions san-
guines.

La médication varie du reste selon le type ou les phases de la folie, suivant la constitution et le tempérament des individus. En un mot, notre traitement tenant compte du malade et de la maladie, n'est jamais exclusif, ni systématique; il est purement éclectique.

Le travail des champs a concouru pour beaucoup à accroître le chiffre des guérisons. Limitées à 19 en 1860, avant la création de la colonie agricole de St-Luc, les guérisons ont atteint le chiffre de 27 en 1861, et se sont maintenues au même chiffre en 1862.

IV.

Décès.

La mortalité la plus forte a été observée dans les deux derniers trimestres de 1862. Des congestions encéphaliques nombreuses survinrent en septembre et en octobre. Sous l'influence de la constitution médicale régnante, la paralysie générale devint plus promptement funeste.

	Hommes.	Femmes.	Total.
1.er trimestre...............	2	3	5
2.me.............................	7	2	9
3.me.............................	8	4	12
4.me.............................	13	5	18
TOTAUX.	30	14	44

La division des hommes a, comme de coutume, payé à la mortalité un plus large tribut que la division des femmes. La fréquence plus grande dans le sexe masculin de la pellagre et de la paralysie générale, concourt à ce résultat. Le rapport entre le chiffre 44 des décès, et 458, celui des malades traités, est de 9 1/2 pour 100 environ.

SÉJOUR DES ALIÉNÉS DÉCÉDÉS.

	Hommes.	Femmes.	Total.
Ont séjourné : un mois et au-dessous ..	»	1	1
de deux mois à six mois..	3	3	6
de six mois à un an..	5	2	7
au-delà d'un an.........	22	8	30
TOTAUX...	30	14	44

Quatorze décès ont eu lieu chez des individus ayant séjourné moins d'un an à l'Asile. Les 30 autres sont survenus chez des malades anciens, et pour la plupart déjà affaiblis par les progrès de l'âge, ou par ceux de la lésion organique des centres nerveux.

Voici les lésions auxquelles a été attribuée, dans les différents cas, la cause de la mort :

	Hommes.	Femmes.	Total.
Epilepsie	2	1	3
Apoplexie et congestion cérébrale	5	2	7
Paralysie générale	6	2	8
Méningite	1	»	1
Pellagre	3	1	4
Affections intestinales	7	2	9
Marasme, fièvre hectique	3	5	8
Phtisie	»	1	1
Pneumonie	1	»	1
Affection cardiaque	1	»	1
Suicide par instrument tranchant	1	»	1
TOTAUX	30	14	44

Les affections cérébrales telles que la paralysie générale, l'apoplexie, et l'épilepsie, tiennent une grande place dans notre nécrologe. Les affections des voies digestives ont atteint particulièrement les personnes dont la constitution était depuis longtemps affaiblie et détériorée ; trois hommes et une femme ont succombé à la pellagre Une femme a succombé à la diathèse tuberculeuse, un homme à une méningite, un autre aux progrès d'une affection cardiaque invétérée, un troisième à une pneumonie, et enfin un dernier s'est suicidé. Ce suicide, exécuté presque sous nos yeux par un sujet qui n'avait jamais présenté aucun symptome de monomanie suicide, m'a semblé se rattacher à la pression qu'une hallucination subite de la vue a exercé sur l'esprit du malheureux qui l'a commis.

AUTOPSIES.

Comme précédemment, les autopsies ont été pratiquées toutes les fois que les circonstances l'ont permis. En 1862, elles sont au nombre de 19, consignées dans un registre spécial. Mon but, en exécutant ces opérations, était de voir jusqu'à quel point se trouvait exact le diagnostic porté sur l'affection intercurrente cause de la mort, et de faire quelques recherches plus particulières à l'étude de l'aliénation mentale ; sous ce dernier point de vue la pellagre m'a préoccupé. Chez aucun de nos quatre pellagreux, je n'ai trouvé le ramollissement de la moëlle que j'avais précédemment observé ; j'ai noté cependant tantôt une injection prononcée des méninges ; tantôt une teinte opaline de l'arachnoïde avec épaississement du tissu sous arachnoïdien ; une hypéremie de la substance cérébrale, et en dernier lieu, une hydropisie ventriculaire. Ces diverses altérations se rencontrent chez des sujets n'ayant jamais eu la pellagre. Quant aux traces d'une inflammation chronique de l'intestin, elles n'ont fait défaut que dans un de ces quatre cas.

L'encéphale a présenté dans douze autres nécropsies des modifications pathologiques : ramollissement de la substance grise et adhérence de cette substance aux méninges infiltrées, dans la paralysie générale ; injection des sinus et des vaisseaux, dans les congestions ; teinte opaline de l'arachnoïde et épaississement du tissu cellulaire sous-arachnoïdien, dans la plupart des autres cas. Des modifications analogues moins tranchées, ont été remarquées en même temps dans le cervelet et la moëlle.

Le poumon, siége fréquent d'engorgements hypostatiques, s'est trouvé une fois infiltré de sérosité purulente à la suite d'une pneumonie ; trois autres fois des fausses membranes s'étendaient d'un feuillet de la plèvre à l'autre ; une seule fois les poumons renfermaient des tubercules ; c'étaient les poumons d'un paralytique. Ce fait de tuberculisation, celui d'une malade décédée par suite de phtisie et qui ne fut pas autopsiée, et deux autres, constatés chez des malades sortis dans le courant de l'année, sont les seuls que j'ai observés en 1862 dans tout mon service. Des lésions intestinales notables ont rendu compte dans cinq cas des troubles gastro-entériques observés chez le vivant.

V.

Maladies incidentes.

—

MALADIES INTERNES.

La pellagre a, comme de coutume, sévi à l'Asile de Pau en 1862. Deux cas de pellagre seulement ont été observés chez les femmes, tandis que nous en avons constaté 12 cas chez les hommes. Elle a causé *quatre décès*. A mon avis, l'étiologie de cette grave affection est plus complexe qu'on ne l'a supposé quelquefois. Plusieurs de nos honorables confrères ont cru voir, qui dans l'action solaire, qui dans la misère, qui dans le verdet du maïs, qui dans l'aliénation mentale, etc., la cause principale de cette affection. D'après les faits que j'ai observés en 1862 et à d'autres époques, je regarde la pellagre comme le résultat d'une foule de causes variées et souvent réunies, qui ont cependant un point commun, c'est d'affaiblir l'énergie vitale : telles sont la misère et ses privations; une alimentation peu réparatrice ou malsaine, jointe à l'influence de certaines conditions climatériques mal déterminées, parmi lesquelles me semble se trouver l'action solaire; et enfin dans nos asiles, quand la pellagre est consécutive à l'aliénation mentale, les formes de délire caractérisées par l'inertie des fonctions intellectuelles ou par leur dépression.

Les autres affections internes que nous avons eu à traiter, sont :

MALADIES.	NOMBRE DE CAS.	TRAITEMENT GÉNÉRALEMENT SUIVI.
Phtisie.................	3	Pectoraux et calmants. Toniques analeptiques. Proscrire les stimulants. Huile de foie de morue.

MALADIES.	NOMBRE DE CAS.	TRAITEMENT GÉNÉRALEMENT SUIVI.
Fièvres éphemères.........	10	Repos au lit, émolients, délayants, quelques laxatifs.
Fièvres typhoïdes..........	4	Traitement suivant les indications des diverses phases; en tout cas diète au début.
Scarlatines . { 2 bommes. / 6 femmes. } ...	8	Epidémie de septembre à décembre 1862. Repos au lit, diète, émollients, sudorifiques légers.
Fièvres intermittentes......	3	Accès fébriles périodiques succédant à d'autres affections, dont quelques doses de sulfate de quinine ont triomphé.
Varioloïde	1	Sans gravité. Traitement : diète, boissons émollientes et légèrement diaphorétiques. Laxatif doux.
Anémie et chrorose........	6	Vin, régime tonique stimulant; fer, tisane amère; vin de quina, etc.
Diathèse scrofuleuse........	1	Amers; vin de quina; huile de foie de morue; régime fortifiant; exutoires.
Rhumatisme articulaire.....	1	Diète; boissons émollientes, nitrées; potions opiacées, sudorifiques.
Rhumatisme musculaire	2	Topiques émollients; purgatifs doux; résolutifs.
Congestions et apoplexie.....	29	Emissions sanguines modérées ; plus souvent lavements fortement purgatifs; dérivatifs énergiques. Méthode antiphlogistique maniée avec prudence; après la disparition des symptômes primitifs recours modéré aux toniques.
Méningite............... .	1	Saignée; calomel; purgatifs.
Tœnia...	1	Kousso; huile de ricin; écorce de racine de grenadier; huile éthérée de fougère; sels de zinc; graines de citrouilles. Succès incomplet.
Embarras gastrique et dyspepsie.	37	Purgatifs salins; rhubarbe; amers; eau de seltz. Régime choisi, plus souvent réparateur que débilitant.
Entérites et diarrhées	53	Pour les cas aigus : diète; boissons émollientes; potions et lavements laudanisés. Dans les diarrhées chroniques si souvent rebelles, le tannin et les autres astringents m'ont donné quelques bons résultats. En général l'alimentation doit être continuée pendant le cours de ces diarrhées, si ce n'est au repas du soir. Diascordium; toniques; vin rouge chaud et sucré; viandes rôties quand la diarrhée est apyrétique.
Ascite liée à une affection organique et incurable du cœur.	1	Diurétiques; calmants.

MALADIES.	NOMBRE LE CAS.	TRAITEMENT GÉNÉRALEMENT SUIVI.
Péritonite chronique........	2	Purgatifs drastiques répétés; diurétiques.
Pneumonie...............	1	Diète; saignées; potions stibiées; tisanes pectorales.
Bronchite...............	15	Diète; boissons pectorales; looks kermétisés.
Bronchite gangréneuse.... .	1	Cas grave dont on désespérait. Limonade vineuse; potions à l'extrait de quinquina; pilules d'opium et de chlorure de soude sec. Contre toute attente, guérison.
Emphysème pulmonaire	1	Soins hygiéniques.

AFFECTIONS EXTERNES.

Parmi celles-ci, je place l'érysipèle, bien que dans la plupart des cas, ses symptômes principaux semblent constituer une affection générale dont l'altération cutanée serait seulement l'expression symptomatique.

MALADIES OBSERVÉES.	NOMBRE DE CAS.	TRAITEMENT.
Erysipèles...............	11	Epidémie coïncidant avec l'épidémie de scarlatine indiquée plus haut. Topiques gras; solution ou pommade au sulfate de fer; diète; boissons émollientes. Quelquefois au début émcto-cathartique. Convalescence surveillée.
Erysipèle phlegmoneux	1	Au début, antiphlogistiques; puis débridements profonds; pansements méthodiques.
Fracture du fémur au tiers supérieur.	1	Bandage de Scultet; appareil inamovible. Résultat très-satisfaisant malgré l'indocilité des malades.
Fracture du radius.......	1	
Fracture de côtes.........	2	Survenues à 2 mois d'intervalle chez le même individu. Bandage de corps et repos au lit.
Abcès chauds............	2	Ouverture par le bistouri.
Anthrax et furoncles......	12	Cataplasmes; incisions faites de bonne heure; topiques. Un mélange de charbon et de quinquina en poudre m'a semblé très-propre à la guérison des anthrax.
Fluxion à la tête..........	3	Pédiluves sinapisés; sangsues; cataplasmes émollients. Extraction des dents cariées dès que l'inflammation le permet.
Brûlures................	2	Liniment oléo-calcaire.
Plaies par morsures.......	2	Topiques émollients.
Panaris	2	Incisions.

MALADIES OBSERVÉES.	NOMBRE DE CAS.	TRAITEMENT.
Phlegmon diffus...........	2	Larges débridements.
Conjonctivite..............	4	Collyres émollients; collyre au nitrate d'argent, au sulfate de zinc; vésicatoire à la nuque; pédiluves irritants; purgatifs répétés.
Plaies contuses	7	Topiques résolutifs.
Amygdalites..............	2	Diète; repos; gargarismes; émollients; eau de sedlitz.
Maladie pédiculaire	2	Frictions mercurielles entre 2 bains savonneux.
Gale.....................	1	Pommade et bains.
Entorses.............. .. .	2	Une chez un homme; irrigation continue; guérison au bout de 4 jours. Une chez une femme ayant ses règles; repos au lit; guérison au bout d'un mois.
Teigne faveuse	1	Lotions au sublimé et cataplasmes sans succès; pommade à l'iodure de soufre et cataplasmes. Amélioration.

Si les blessures, soit par instruments tranchants, soit par instruments contondants, ont été si peu nombreuses, c'est grâce à la vigilance que je me plais à reconnaître dans le personnel de surveillance. Sachant que je fais de la bienveillance la base du traitement de nos malades, les infirmiers des deux sexes contractent rapidement des habitudes de politesse et de mansuétude, s'ils ne les ont déjà puisées dans leur éducation antérieure.

Les cas les plus remarquables, parmi ceux qui s'offrent à notre observation, sont toujours soigneusement relevés, et quelques-uns même insérés aux *Archives cliniques des maladies mentales*. Il en résulte quelquefois des enseignements qui ne sont pas sans profit scientifique; l'étude des altérations intellectuelles est un délassement que l'élévation et l'utilité du but à atteindre rendent attrayant.

Au lieu d'insérer dans ce rapport médical l'historique des affections mentales les plus saillantes de mon service, j'ai préféré cette année le faire suivre d'une étude récente sur une certaine catégorie de déshérités intellectuels, travail accueilli déjà par les *Annales médico-psychologiques*.

⎯⎯⎯⎯⎯⎯

Je ne veux point clore ce compte-rendu sans y consigner l'expression de mes sentiments envers MM. les membres de la commission de surveillance, dont le concours éclairé, dévoué, affectueux, vient constamment faciliter ma tâche. S'il m'est donné d'obtenir quelques bons résultats, la meilleure part doit en revenir à la sagesse de leurs conseils, à la fermeté de leur appui, et aux encouragements de l'autorité supérieure.

Veuillez agréer l'expression de ma gratitude, Monsieur le Préfet, pour le bienveillant intérêt dont vous honorez notre institution départementale, et en particulier

Votre très-humble et très-respectueux serviteur.

Le Directeur-Médecin,

Th. AUZOUY.

A Pau, le 20 avril 1863.

ÉTUDE MÉDICO-LÉGALE

SUR

LES PESANTS OU FAIBLES D'ESPRIT

A UN DEGRÉ QUI ATTÉNUE LA RESPONSABILITÉ MORALE,

SANS LA FAIRE DISPARAITRE.

Le domaine de la Médecine légale s'agrandit chaque jour, et les progrès de la science médico-psychologique rendent de plus en plus fréquente l'intervention des médecins spécialistes, dans l'appréciation de l'état mental des individus placés sous la main de la justice. Le crime n'existe pas là où il n'y pas eu intention de le commettre, et la folie d'un prévenu annihile sa culpabilité. L'homme de l'art n'aurait donc, semble-t-il, qu'à démontrer si l'inculpé qu'on lui soumet *est, ou n'est pas aliéné*. Mais en dehors de ces deux solutions si tranchées et si opposées, n'en est-il point d'intermédiaires, et qui seraient quelquefois plus conformes à la vérité? C'est ce que nous avons cherché à élucider.

« L'échelle intellectuelle présente d'innombrables degrés, a dit Esquirol, depuis l'idiot le plus dégradé jusqu'à l'homme qui jouit encore des facultés sensitives et morales, mais qui, faiblement organisé, est placé dans le dernier rang de la vie intellectuelle et sociale. » De l'homme faiblement doué à celui qui n'a pas même d'instinct, il y a une multitude de nuances caractérisées par le plus ou moins d'intensité de la lésion morale. La limite extrême entre la raison et la folie n'est pas toujours bien facile à déterminer : n'en est-il pas de même du *criterium* auquel on reconnaît une intelligence normale d'une intelligence incomplète? Il existe, ce n'est point douteux, une bien plus forte proportion qu'on ne pourrait le croire au premier abord, d'individus plutôt incomplets que complets, que l'on ne peut cependant considérer comme atteints d'insanité d'esprit ou de *démence* dans le sens que la loi a voulu attacher à ce mot. Dans un excellent travail de M. le docteur Belloc publié en juillet 1861 par les *Annales médico-psycho-logiques*, cet honorable collègue a traité avec une supériorité remarquable la question dont nous ne voulons aborder qu'un côté, quoique nous partagions un grand nombre des idées qu'il a émises. Qu'il nous soit permis d'ajouter que sa doctrine sur la responsabilité graduée ou atténuée nous a surpris d'autant moins, que le 15 mai 1861, deux mois avant la publication de son travail, nous avions spontanément appliqué les mêmes principes devant la cour d'assises des Basses-Pyrénées, comme on le verra plus loin (quatrième observation ci-après). Il n'y a donc rien de paradoxal, à notre avis, dans la théorie nouvelle, et M. Belloc n'avait pas à craindre de se trouver isolé dans ses appréciations.

La catégorie d'individus sur lesquels nous voulons aujourd'hui appeler l'attention, forme la transition entre l'individu normalement doué et l'imbécile proprement dit. Nous recruterons plusieurs de nos exemples hors des asiles d'aliénés, au sein même de la société, pour laquelle les êtres incomplets dont nous nous occupons n'offrent généralement que peu ou point de danger. En un mot, le sujet de cette étude occuperait le premier rang au-dessus du simple imbécile, dans une classification où le dernier rang serait assigné à l'idiot automate et au crétin.

Résidant au pied des Pyrénées, dans le voisinage de vallées profondes où sévit depuis des siècles la dégénérescence crétineuse, nous avions d'abord songé à recueillir quelques éléments destinés à une étude comparative entre les crétins et cagots des Pyrénées, et les déshérités du même genre que nous avons observés au pied des Vosges, lorsque nous étions chargé d'un important service médical à Maréville. Un rapprochement avec les crétins des Alpes, qui ont été l'objet de nombreuses et savantes publications, pourra peut-être offrir quelque intérêt aux amis de l'humanité, et aux personnes qui s'occupent avec autant de talent que d'autorité de l'adoucissement et de l'amélioration du sort de ces infortunés. Ce sera donc là, de notre part, l'objet d'une étude ultérieure.

M. Ferrus a donné le nom de *pesants* aux sujets chez lesquels l'organisation physique étant à peu près normale, les fonctions intellectuelles ne s'accomplissent qu'avec lenteur. Ils peuvent appliquer leur attention, délibérer, juger, apprécier, comparer, mais toutes ces opérations de l'esprit se font chez eux avec hésitation et difficulté. Lorsque la volonté parvient à déterminer l'action, celle-ci s'opère le plus souvent sans fermeté et sans résolution, et il suffit du moindre obstacle, ou simplement d'un avis contraire, pour empêcher l'acte de se produire. Si le pesant est sous l'empire d'une passion ou d'une incitation puissante, il agit au contraire avec entêtement et opiniâtreté, la lenteur de sa conception l'empêchant de trouver à temps dans la réflexion un contre-poids suffisant pour vaincre le penchant auquel il obéit. La mémoire existe chez le pesant, mais le souvenir lui arrive toujours trop tard pour qu'il puisse en retirer quelque utilité immédiate. Le pesant pense et réfléchit, mais ses idées sont mobiles et manquent de liaison; il est inconstant dans ses entreprises, variable dans ses affections et ses goûts; il manque de spontanéité, aime à être dirigé et commandé; il ne prend qu'une part imparfaite aux conversations et a fréquemment l'air distrait; s'il écoute un récit émouvant, son visage reflète rarement les impressions des autres interlocuteurs; il s'attriste quand les autres rient, et ne s'égaye d'une anecdote plaisante que longtemps après qu'il n'en est plus question. Jamais il n'a deviné un rebus, ni compris un calembour. La plaisanterie la plus exorbitante est par lui prise au sérieux jusqu'à ce qu'on lui en ait démontré l'exagération. Il est crédule et superstitieux à l'excès; le récit le plus fabuleux obtient créance auprès de lui; il est le premier chaland des inventions nouvelles, le meilleur client des faiseurs de réclames : la quatrième page des journaux, où s'étalent de si fallacieuses et parfois de si audacieuses annonces, est celle qu'il lit avec le plus de plaisir; nous pourrions presque dire la seule qu'il lit. Il est lourd et maladroit dans ses mouvements, plus lourd encore dans son langage, quoique susceptible de recevoir un certain degré d'éducation. Généralement facile à duper, il est néanmoins méfiant dans certaines circonstances, et se montre assez âpre lorsque ses intérêts sont en jeu. Il n'acquiert jamais que des notions superficielles, dont il se montre très vain lorsqu'il appartient aux classes élevées de la société; il aime à *poser*, et il trouve à chaque pas des gens disposés à exploiter ses ridicules et à le faire poser impitoyablement, souvent sans qu'il s'en doute. Dans les classes populaires, le pesant est parfois exposé à la risée des enfants dans les rues, mais il réagit énergiquement contre le ridicule, et se fait à lui-même une justice sommaire et quelquefois trop rigoureuse. Il parvient ainsi à imposer un respect que ses allures excentriques tendraient à laisser compromettre. Là où l'aliéné a besoin d'être protégé, le pesant peut habituellement se protéger lui-même. Au physique, les pesants sont en général bien conformés; il y a toutefois de nombreuses exceptions à cette règle.

Les observations suivantes nous paraissent renfermer quelques types assez bien caractérisés de la variété pathologique qui nous occupe.

PREMIÈRE OBSERVATION.

Cuny Remy, âgé de vingt-neuf ans, doué d'un tempérament lymphatique, d'une constitution chétive, est entré à l'asile de Maréville, le 20 mai 1859, et a été immédiatement le sujet de notre observation. Le délai fixé pour procéder à notre examen étant très restreint, nous avons dû multiplier nos moyens d'investigation, et soumettre en moins de trois jours le dénommé à toutes les épreuves propres à fixer notre opinion et celle du conseil de révision sur son état mental.

De l'interrogatoire du sujet et des renseignements très incomplets que nous avons pu obtenir, est résultée pour nous cette présomption, que s'il est réellement privé de sa raison, il doit évidemment rentrer dans la classe des imbéciles. Rien dans son attitude, dans ses paroles, dans sa démarche, dans ses actes, dans ses commémoratifs, ne révèle un homme atteint de manie, de mélancolie, de monomanie ou de démence. Nous avons donc dès l'abord écarté ces types de l'aliénation mentale pour concentrer notre vérification sur l'organisation morale de Remy Cuny, et sur l'appréciation du degré de développement de son intelligence. La poursuite ultérieure de nos recherches nous a démontré qu'en agissant ainsi nous étions resté dans la bonne voie.

La conformation physique du sujet est frêle et débile ; sa colonne vertébrale présente une légère incurvation au niveau des dernières vertèbres dorsales ; ses gestes sont lourds et maladroits ; sa main droite est le siége de contractures tendineuses apparentes, surtout au doigt médius ; sa démarche, quoique régulière lorsqu'il ne porte aucun fardeau, devient titubante et mal assurée lorsqu'il conduit une brouette. Il est donc évidemment impropre à un travail pénible et suivi.

Afin d'apprécier son état mental, nous lui avons posé sur son nom, son âge, sa demeure, son état civil, son degré d'instruction, sa famille, ses occupations, etc., une série de questions auxquelles il a convenablement répondu. Il ne sait ni lire ni écrire, -dit-il, quoiqu'il ait fréquenté les écoles, et il attribue lui-même ce défaut d'instruction à son inaptitude naturelle. Nous avons mis sous ses yeux quelques pièces de monnaie en l'invitant à nous en dire la valeur. Il n'a pu y réussir que pour celles de cuivre ou d'argent dont l'aspect lui est sans doute plus familier, et tout en reconnaissant la nature du métal des pièces d'or, il est inhabile à en dire le montant, plus inhabile encore à supputer le total des valeurs produites à sa vue. Néanmoins il apprécie la forme, la couleur et la nature des objets, il possède la faculté de les comparer entre eux, il distingue très bien les différences qui existent entre les diverses parties d'un tout, il a sur la mesure du temps des notions qui manquent rarement d'exactitude, et que ne possèdent point les individus atteints d'imbécillité ou d'idiotie. Ainsi il connaît l'heure, le jour et la semaine, le quantième du mois et le millésime de l'année. S'il commet quelque erreur à cet égard, il s'empresse de la rectifier sur l'observation qu'on lui en fait. Quoique ses idées se forment avec lenteur, elles se manifestent avec une précision qu'elles n'atteignent point chez les imbéciles, et il applique constamment l'attribut à la chose sans avoir besoin d'effort. Il n'hésite nullement à dire que son pantalon bleu est de laine, que sa chemise blanche est de toile, que sa cravate rouge est de coton, que ses bretelles sont de cuir et que le cuir est fait avec la peau des animaux. Il ne manque pas de mémoire, il est susceptible de fixer son attention et de suivre une conversation qui l'intéresse. Il comprend très bien, sans qu'on le lui ait dit, qu'il est à Maréville pour y être observé, et il nous a parlé de certificats délivrés soit par des pères de conscrits ayant intérêt à dire la vérité, soit sur son état intellectuel, soit par un maire et un greffier qui pensent qu'il est dans le cas de procurer l'exemption légale à son jeune frère. Les organes des sens, sans avoir la finesse de ceux d'un sujet tout à fait normal, ne sont pas notablement lésés. Il ne participe en rien à cette insensibilité tactile que l'on remarque chez la plupart des aliénés. L'insensibilité à la souffrance physique est un phénomène qui existe à divers degrés chez tous nos idiots et nos imbéciles. L'accessibilité à la douleur est chez eux proportionnée à leur développement intellectuel, et depuis l'idiot qui ne sent ni l'application d'un séton, ni l'avulsion de ses dents, ni une brûlure, jusqu'à l'imbécile dont les sensations sont vagues et confuses, il est une gradation d'anesthésie cutanée à laquelle échappe complètement le sujet de notre observation. Soumis à deux reprises à la secousse électrique d'un appareil d'induction, il a manifesté les signes de sensations extrèmement vives et intenses, qui contrastent beaucoup avec l'impassibilité des imbéciles que nous soumettons à cet agent.

Cuny manque de spontanéité, mais il saisit aisément les instructions qu'on lui donne, s'en rend compte, et les exécute avec docilité dans la mesure de ses forces physiques, qui sont bien bornées, comme nous l'avons exposé. Il jouit de l'intégrité de ses sentiments affectifs et a des idées de pudeur dont les aliénés sont dépourvus. Ainsi en se déshabillant devant nous, il a instinctement couvert ses nudités avec sa chemise. Il possède la notion du bien et du mal, du juste et de l'injuste; l'hypothèse que sa séquestration à Maréville serait motivée sur un vol qu'il aurait commis, lui a fait monter le rouge au visage, et il l'a énergiquement repoussée. En somme, quoique incomplètement doué et ne possédant qu'une intelligence relativement inférieure, le dénommé nous paraît, dans une certaine mesure, conserver la responsabilité de ses actes. Son organisation morale est exempte d'éléments pathologiques.

D'après tout ce qui précède, nous résumons le résultat de notre examen dans les conclusions suivantes :

1° Remy Cuny est doué d'une organisation physique frêle et chétive, qui le rend impropre à tout travail assidu et pénible.

2° Au moral, on peut le considérer comme un *minus habens*, comme un sujet dont les facultés intellectuelles sont au-dessous de la moyenne ordinaire, comme une intelligence peu riche et peu féconde.

3° Cet état mental, qui n'exclut point une certaine dose de responsabilité, ne saurait être assimilé à l'imbécillité, qui constitue l'une des formes de l'aliénation mentale.

4° Donc, à notre avis, Cuny Remy n'est point un aliéné.

D'après la teneur de ce rapport, il a été décidé par le conseil de révision de la Meurthe, que bien que n'étant pas aliéné, Remy Cuny ne pouvait être d'aucun secours à sa mère veuve, et qu'en conséquence il y avait lieu d'exonérer du service militaire son frère puîné, maintenu dans ses foyers à titre de soutien de famille.

Voilà bien évidemment une intelligence au-dessous de la moyenne ordinaire, mais un sujet néanmoins capable de se diriger dans le milieu où il vit, sans risquer de mettre en péril ni l'ordre public, ni la sûreté des personnes.

Quel est l'imbécile au premier degré dont on pourrait en dire autant ? Mais nous allons étayer encore de quelques exemples notre démonstration.

DEUXIÈME OBSERVATION.

M. X...., propriétaire à Y...., a été successivement placé pendant son enfance dans plusieurs écoles, pensions et collèges, par des parents qui se berçaient de l'espoir que le changement d'institution parviendrait peut-être à changer aussi les prédispositions négatives qu'apportait partout le jeune sujet. Le temps et la persévérance aidant, M. X... a pu acquérir quelques notions superficielles sur ce qui fait l'objet de l'instruction secondaire, mais demeuré toujours fort en arrière de ses condisciples, il dut renoncer au but suprême de son ambition, l'accès d'une profession libérale. L'agriculture lui offrait des dédommagements, s'il avait été apte à les y trouver ; mais quoique possédant une fortune importante, il ne sut jamais sortir de la routine, et sa propriété, mal administrée, mal cultivée, dépérit bientôt entre ses mains. M. X... s'abrutit insensiblement, et malgré les conseils du docteur X..., son frère, il ne rechercha plus de distraction que dans une débauche abjecte et des orgies de cabaret. Sa fortune et sa santé avaient déjà cruellement souffert ce genre de vie, lorsqu'une de ses tantes se dévoua, vint habiter avec lui et lui servir de sauvegarde. Dès lors, se sentant guidé et soutenu, M. X... devint tout autre ; son affection pour sa famille se raviva ; ses bons instincts reparurent. Il allait peu à la ville, s'apercevant très bien que sa présence amenait le sourire chez les personnes qu'il rencontrait. Il a toujours eu, en effet, dans sa tournure, dans ses gestes, et jusque dans sa manière de se vêtir, quelque chose d'excentrique et de grotesque. La tutelle officieuse de sa tante ayant remis de l'ordre dans ses affaires, il ne tarda pas à recouvrer dans sa commune un certain degré de considération qui lui valut une dignité dont il se montra très fier, l'entrée au conseil municipal. Ses rêves ambitieux ne connurent désormais plus de bornes. Il n'aspira à rien moins qu'à se marier, et la pourpre municipale lui apparut dans un lointain mirage. C'est sur ces entrefaites qu'il vint en 1854 aux eaux de Cransac (Aveyron), où nous étions alors médecin inspecteur. Nous avions prescrit à M. X... six verres d'eau minérale en boisson, et se sentant incapable d'en tenir un compte exact, il prit le parti de mettre un caillou dans sa poche à chaque verre absorbé. Au bout de trois jours survinrent des superpurgations, des vomissements, de la céphalalgie, dont nous avions peine à nous expliquer la cause, quand nous apprîmes qu'à mesure qu'il mettait un nouveau caillou dans sa poche, on en retirait plusieurs sans qu'il s'en aperçut, et qu'il avait bien pu ingérer ainsi quinze ou seize verres chaque matin, au lieu de six verres prescrits.

Les accidents étant conjurés, la plaisanterie cessa, mais la nomination vraie ou apocryphe de M. X... aux fonctions d'adjoint de son village, dont la nouvelle lui parvint, défraya plusieurs jours la verve joyeuse de la colonie thermale. Une ovation fut préparée à M. X... ; on le mit sur un palanquin, et suivi d'un cortège carnavalesque, il dut faire largesse de nombreuses libations, et adresser un discours *au peuple.* Il s'acquitta de tous ses devoirs avec une bonne grâce qui faisait pitié lorsqu'on envisageait de sang-froid l'infériorité morale de ce pauvre garçon. Sous prétexte de lui faire honneur on lançait des pétards sous ses pas, et pendant qu'il prenait tranquillement son café, une traînée de poudre éclatait sous sa chaise au milieu des hourras de l'assistance. Le docteur X..., prévenu par nous, vint mettre un terme par sa présence à ces moqueries inconvenantes dont le patient ne s'était ni inquiété, ni aperçu.

M. X... a la notion du bien et du mal, du juste et de l'injuste; il discute ses intérêts, mais sans fermeté, et il serait facile de le duper. Il a dans les allures une certaine fatuité, tempérée par une bonhomie qui lui a valu bien des horions au collège, et bien des sarcasmes dans la société. Il a toujours eu peu de succès dans ses tentatives de galanterie, bien qu'inspirées par le plus honnête motif. Il vit sans obstacle dans le monde, mais à la condition d'y conserver une tutelle affectueuse qui est pour lui une seconde Providence.

Il n'est pas douteux pour nous que le sujet de l'observation qui précède ne jouisse d'une liberté morale assez étendue. Le droit, le devoir, la subordination, sont des idées à sa portée; il comprend les nécessités sociales, et quoique dépourvu de toute finesse d'interprétation, il n'en a pas moins la conscience de ses actes, dont la plupart demeurent soumis à la réflexion. Il est incapable, il est vrai, d'envisager de prime abord, un fait sous toutes ses faces, et surtout d'en prévoir toutes les conséquences. Son jugement est donc très sujet à erreur lorsqu'il s'applique à l'imprévu; mais quant aux choses ordinaires de la vie, il les apprécie assez sainement. Dans la sphère où il vit, il forme des projets dont la plupart sont raisonnables, et ses déterminations sont le plus souvent réfléchies et préméditées. Il conserve donc un assez haut degré de responsabilité morale.

Nous rapprocherons cette observation de la suivante, dont le sujet a plus d'un trait de ressemblance avec celui qui précède.

TROISIÈME OBSERVATION.

M. Henry G... est né près de R... dans un château délabré, où l'on conserve quelques prétentions à la noblesse. Traité dès l'enfance en paria, et aussi disgracié au physique qu'au moral, H. G.., rechercha parmi les paysans des environs, ou chez des camarades de classe, une affection qu'on lui refusait au foyer intérieur. Actif et obséquieux, rien ne lui coûtait pour se faire bien venir, et il n'est pas de service si infime qu'il ne s'empressât de rendre à toute personne qui le réclamait. Constamment errant dans les rues ou sur les chemins, il était à la recherche des occasions de se rendre utile, et ne se rendait le plus souvent qu'importun. Un de ses amis ayant été reçu avocat, H. G... se met aussitôt en quête des rixes qui peuvent procurer un client correctionnel au néophyte de Thémis, et s'il aperçoit la moindre tentative de transaction, il manœuvre en désespéré auprès des parties pour que l'affaire ait son cours, et que son ami puisse la plaider.

Surviennent des élections : H. G... se multiplie, fait des prodiges en faveur des

7

candidats qui ont ses sympathies : il déploie au contraire à l'égard des autres une violence dont on ne l'aurait jamais cru susceptible. L'amitié acquiert chez H. G... un tel élan, qu'il devient nécessaire d'en modérer les manifestations. L'instinct génésique n'a pas chez lui moins de violence. Les soirs de fête ou de marché, il suit furtivement et à pas de loup les couples qui s'égarent hors des chemins, et tapi dans les broussailles, il assiste à leurs ébats. Cet espionnage n'a pas toujours été pour lui sans péril, car plus d'une fois de rudes coups l'ont puni de sa curiosité érotique. Celle-ci a d'ailleurs déterminé chez lui un penchant irrésistible à l'onanisme. Doué d'un tempérament lymphatique et d'une constitution frêle et scrofuleuse, H. G... possédait cependant toutes les conditions de la raison rudimentaire, mais il n'a jamais eu l'énergie suffisante pour sortir des limites d'un développement restreint : « Je vous inviterais à venir chasser sur nos domaines, disait-il à un amateur de chasse, si je ne craignais que mon père, qui est très-jaloux de sa chasse, ne vous accueillit à coups de fusil. » L'amateur alla chasser ailleurs, on le comprend de reste. Doux et serviable, H. G... avait beaucoup de peine à exprimer sa pensée, mais s'il n'eût pas été rebuté par ses parents, il pouvait assurément remplir un rôle utile dans sa famille. Celle-ci, le regardant comme un fardeau, l'a constamment abandonné à ses propres inspirations, le laissant couvert de vêtements sordides, rebuts de la garde-robe paternelle ou fraternelle, déprimé et conspué, alors qu'un peu d'encouragement et de secours lui eût été si nécessaire. Cet infortuné jeune homme, que jamais personne ne considéra comme un aliéné, mais bien comme un lourdaud excentrique, est mort phthisique à trente-cinq ans, en 1860.

Les exemples qu'on vient de lire représentent assez fidèlement ce que nous entendons sous la dénomination de *pesant*. Cet état psychique, intermédiaire à la raison normale et à la raison altérée, est principalement caractérisé par le peu d'étendue des connaissances, par l'inaptitude à en accroître le cercle, et par une certaine futilité des idées habituelles. Dans la sphère où se meut ordinairement le pesant, il peut avoir une existence paisible à la condition de demeurer obscur et ignoré. Malheureusement, quelques-uns de ces simples d'esprit, se faisant illusion sur leur portée psychique, affrontent avec entêtement le danger d'un milieu social dont ils n'atteignent pas le niveau, et rencontrent des écueils là où d'autres ne trouveraient que la plus entière sécurité. D'autres, au contraire, ont d'eux-mêmes une défiance voisine de la timidité, et sentent instinctivement que l'effacement est ce qui leur convient le mieux. Portant en eux la conviction intime de leur infériorité morale, ils préfèrent une modeste obscurité, une vie rustique ou très retirée, à la fréquentation des centres populeux, dans lesquels ils sont plus exposés à des froissements. Ils n'ont qu'à perdre, en effet, à acquérir de la notoriété; l'intimité du foyer domestique est leur seule sauvegarde contre des entraînements qui pourraient leur devenir funestes. C'est ainsi que règlent leur existence la plupart des sourds-

muets, dont la grande majorité rentre, à notre avis, dans la catégorie des pesants. Pour quiconque a visité les institutions où sont élevés les infortunés privés du sens de l'ouïe et de la parole ; il est incontestable que, malgré le perfectionnement de leur intelligence, et malgré des résultats partiels souvent inespé-
rés, le plus grand nombre demeure, sous le rapport moral, bien au-dessous du
niveau ordinaire. Un rapport récent de M. le directeur général de l'administration départementale, adressé à S. Exc. M. le Ministre de l'intérieur, fait connaître qu'en France, sur 25,000 sourds-muets, à peine un tiers prend part au
bienfait de l'éducation, et que la diversité des méthodes d'enseignement, aban-
données aux inspirations individuelles des maîtres, présente dans quelques établissements le triste spectacle d'une affligeante impuissance. On peut induire de
là qu'une forte proportion des sourds-muets est encore, à notre époque, laissée
en dehors de la vie sociale.

C'est par les organes des sens que l'homme se met en rapport avec le monde
extérieur. Or, la privation d'un seul de ces sens le met dans un état d'inferio-
rité évident avec le milieu qui l'entoure. Sans insister sur les inconvénients qui
résultent pour lui de l'absence du sens olfactif et de l'organe du goût, qui le
prive d'impressions et de sensations dont l'influence sur le bien-être général et
sur le développement intellectuel, ne saurait être contesté, nous nous borne-
rons à faire remarquer que l'anesthésie cutanée et la paralysie tactile sont l'apa-
nage ordinaire des déshérités de l'intelligence les plus bas placés dans l'échelle
psychique. Mais de tous les sens départis à l'organisation humaine, celui dont
la privation est sans contredit la plus calamiteuse, est le sens de la vue. Quels
sont les parents qui ne regretteront d'avoir donné la vie à un aveugle de naissance? Les soins les plus affectueux, la tutelle la plus empressée, la plus bienveillante, vaudront-ils jamais pour cet infortuné la vue de la lumière des cieux
et le spectacle de la nature? A quelque classe élevée de la société qu'il appar-
tienne, ne sera-t-il pas l'objet d'une éternelle et stérile pitié, ne sera-t-il pas réduit à envier le sort du plus modeste prolétaire, à qui la nature a du moins dispensé tous ses dons, si la fortune lui a refusé les siens? La cécité vient quelquefois inopinément frapper les plus belles, les plus nobles intelligences. Assurément, malgré la déchéance profonde qui est l'inévitable conséquence d'une semblable catastrophe, il est impossible de constater en pareil cas une déchéance
morale correspondante. Homère, Bélisaire, Milton, Michel-Ange, Newton, et,
de nos jours, A. Thierry et tant d'autres, sont d'éclatants exemples qui prou-

vent que l'âme humaine s'illumine du souvenir, et que l'intégrité des facultés morales peut survivre à la perte du sens le plus précieux.

Le sourd-muet de naissance, privé dès le berceau, comme l'aveugle-né, non-seulement d'un sens destiné à le mettre en rapport avec la nature passive, mais bien à établir ses communications avec la nature agissante et pensante, à lui faire échanger avec ses semblables ses idées et ses sensations, n'est apte à ressentir qu'un nombre très limité d'impressions. Rarement elles lui arrivent sans qu'il ait besoin de les rechercher. Il faut même qu'il apprenne à les apprécier et à s'en rendre compte. Le sourd-muet reste longtemps enfant par l'intelligence: sa conception, n'étant pas stimulée, demeure lente et paresseuse. Pour sortir de son infériorité intellectuelle, il faut que le sens qui lui manque soit en partie suppléé. L'éducation seule peut parvenir à transporter en quelque sorte à la vue une partie des fonctions de l'ouïe, et à substituer à la parole un autre élément de langage. Ce perfectionnement moral, variant d'ailleurs selon les aptitudes de chaque sujet, peut atteindre parfois un niveau élevé, mais il n'en demeure pas moins constant pour nous que ces heureuses exceptions sont rares, et que le sourd-muet, même cultivé, sans avoir l'intelligence oblitérée, ne parvient guère cependant qu'à un développement incomplet des facultés mentales. Il arrive sans peine à juger sainement les choses usuelles, à se former des idées exactes sur la morale et la religion, mais au moral comme au physique il conserve généralement une lourdeur, une maladresse, une pesanteur, un défaut d'opportunité, qui le maintiendront toujours en arrière des individus normalement doués. Telle était l'opinion du docteur Itard, qui regardait comme essentiellement pauvres d'idées « ceux qui, sur cinq voies par lesquelles les idées arrivent dans l'entendement, en ont perdu une. »

Si donc nous arrivons à ranger parmi les pesants chez lesquels la responsabilité morale est atténuée, les aveugles-nés et les sourds-muets cultivés, à plus forte raison devrons-nous faire entrer dans cette catégorie de l'insuffisance morale les sourds-muets privés du bienfait de l'éducation. Pour ceux-ci on doit même aller dans certains cas jusqu'à déclarer l'irresponsabilité absolue. C'est ainsi qu'envisage la question notre collègue et ami M. le docteur Renaudin, lorsqu'il dit : « Les sourds-muets qui n'ont reçu aucune éducation ne sauraient formuler que des idées très confuses, et ceux-là même dont la mimique indique un progrès moral plus avancé, ne sont que relativement doués d'un certain jugement. Cela est si vrai, que chez les sourds-muets les plus instruits on retrouve constamment les traces de ce premier état ; leurs manifestations psychiques offrent toujours quelques anomalies primordiales que la meilleure éducation ne peut faire disparaître. Le sens moral est imparfait, et il y a certaines abstractions à l'intelligence complète desquelles les sourds-muets restent plus ou moins réfractaires. Ils se font remarquer par une aspiration passionnée vers la satisfaction de leurs désirs, et cette aspiration entrave leur libre arbitre. Ils voient tout ce qui se passe devant eux au point de vue exclusif de leur personnalité, qui devient le pivot de toutes leurs pensées, et qui les isole du monde ambiant, dont ils sont séparés par toute la distance de l'ouïe et de la parole. Evidemment incomplets, ils ne sont pas au niveau de la règle sociale, et ne peuvent que subir une responsabilité proportionnelle à leur état. »

Voilà donc la responsabilité proportionnelle admise depuis longtemps par un de nos plus savants confrères ; nous estimons que le plupart des médecins d'aliénés n'ont nul besoin d'être convertis à cette doctrine, nouvelle peut-être dans son application, mais nullement étrange, puisqu'elle prend sa source dans la vérité même des faits, et qu'elle consiste dans l'appréciation la plus rigoureuse de l'état intellectuel des individus.

Nous déclarerons donc franchement, hautement, avec M. le docteur Belloc, que les délimitations rectilignes et absolues dont il parle doivent fréquemment être écartées, pour faire place à une gradation que la loi elle-même a inscrite dans le Code pénal. Que des demi-peines soient le châtiment de demi-coupables, qu'au besoin même la qualification du fait incriminé soit descendue, comme peut l'être la peine, de plusieurs degrés, en faveur de sujets dont l'organisation défectueuse commande ces atténuations, c'est un vœu auquel nous nous associons pleinement, et voici dans quelles circonstances nous avons eu occasion de mettre en pratique les principes que nous venons d'exposer.

QUATRIÈME OBSERVATION.

André Loustau, âgé de trente ans, est un robuste montagnard de la vallée d'Aspe, aux épaules carrées, au geste saccadé, à la tournure maladroite, aux allures lourdes et rustiques, frappé de surdité à un haut degré. Il passe dans sa contrée pour un être bizarre et un cerveau fêlé. Les études ingrates auxquelles il s'est livré n'ont abouti qu'à lui donner un seul talent, mais qu'il a poussé très-loin, celui de la calligraphie. Inculpé de plusieurs faux en écriture privée, Loustau a dû comparaître le 15 mai 1861 devant la cour d'assises des Basses-Pyrénées, séant à Pau. Dans la prévision où la défense voudrait invoquer comme excuse l'insanité d'esprit de son client, M. le Président des assises (1) nous requit d'assister aux débats, pour faire part à la cour et au jury de nos impressions d'audience sur l'état mental de l'accusé.

Nous avions d'abord soumis à M. le Président quelques objections contre cette manière insolite de procéder à l'examen d'un sujet, et sur la difficulté que nous éprouverions à préciser une opinion en matière aussi grave, sans la mûrir dans un rapport écrit, et surtout dans une observation directe favorisée par nos interrogations, et par les divers moyens indiqués par la science en pareil cas.

Il nous fut répondu avec une extrême bienveillance que notre avis n'était demandé qu'à titre de renseignement, mais qu'il serait cependant d'un grand poids dans la question à juger, même avec les réserves dont nous croirions devoir l'entourer.

Loustau a contrefait la signature de divers particuliers solvables, sur des effets de commerce qu'il a négociés pour se procurer de l'argent. Un capitaliste méfiant n'a consenti à escompter un de ces effets qu'à la condition que Loustau écrirait devant lui au souscripteur pour l'aviser, et la lettre a été mise à la poste sous ses yeux. Or l'inculpé, comprenant que cette lettre allait dévoiler son artifice, va de grand matin se poster près de la boîte aux lettres avant que le facteur rural en opère la levée, pour la lui réclamer. Le facteur faisant des difficultés pour la lui restituer, Loustau l'invite à l'ouvrir pour vérifier qu'elle émane bien de lui, et que par conséquent il peut s'empêcher de la faire partir du moment que le signataire vient lui déclarer qu'elle est devenue sans objet.

L'accusation voyait avec raison dans ces démarches la ruse d'une intelligence qui prémédite ses actes, et qui doit en subir la responsabilité. Quoique gesticulant d'une façon grotesque, et doué d'un bégayement fatigant, l'inculpé se défend énergiquement, mais avec gaucherie, laissant sans explication plausible bien des faits sur lesquels il est questionné. Il lui arrive parfois d'expliquer brusquement un grief sur lequel la discussion semblait avoir été épuisée précédemment sans qu'il y ait pris part. Les débats établissent clairement les faits reprochés à Loustau, et il aurait encouru toute la sévérité de la loi, s'il était reconnu responsable de ses actes au même titre que tout autre individu normalement doué. Or voici ce que laissent hors de doute des témoignages nombreux et dignes de foi. Loustau a toujours été incapable de se diriger seul : sa surdité et sa débilité intellectuelle l'ont isolé de la société, au sein de laquelle il ne recueillait guère que des moqueries et des sarcasmes. Partout où il portait ses pas, on se plaisait à lui susciter des tracasseries. Il lui prend fantaisie, un jour de foire, de mettre en vente trois jeunes chiens ; de faux chalands le ballotent toute la journée et se le renvoient de toutes les extrémités de la foire, colportant son étrange marchandise, à laquelle chacun s'ingénie à trouver les défauts les plus bizarres, les plus impossibles. Partout ce malheureux est bafoué ; il cherche à réagir, et son caractère devient irritable et colère.

Son remarquable talent de calligraphe le fait accepter comme écrivain dans un atelier de lithographie : bientôt ses excentricités le font congédier, et déprimé, humilié, il rentre dans son village. C'est alors que l'oisiveté, et peut-être aussi le besoin, deviennent pour lui de mauvais conseillers. Il commet les faux qui lui sont reprochés, mais évidemment il ne connaît pas toute la gravité de faits semblables. Nous ad-

_____

(1) M. DE MONTGAURIN, conseiller à la Cour impériale de Pau.

mettons bien qu'il les a prémédités, n'ignorant pas le préjudice qu'il allait causer; mais dans cet esprit étroit ne s'est-il pas établi une certaine compensation avec les griefs qu'il a lui-même contre la société? N'a-t-il pas cru prendre simplement une revanche des mauvais tours dont il est si fréquemment victime?

Loustau peut bien tirer d'un fait sa conséquence la plus immédiate, mais n'étant pas apte à l'envisager sous toutes ses faces, il ne peut en déduire tous ses effets logiques. Certains témoignages attestent que le sens moral est peu développé chez lui, et que dans bien des circonstances il n'a pu calculer la portée de ses actions.

Dans l'espèce, et sans avoir pour baser notre avis autre chose que nos impressions d'audience, il nous est impossible de ne pas considérer Loustau comme un pesant, capable, il est vrai, de poursuivre opiniâtrément une idée lorsqu'elle a pénétré dans son intellect, mais inhabile à prévoir la majeure partie des résultats qui peuvent en découler. En somme, nous estimons : 1º que l'inculpé est responsable dans une certaine mesure des faits qui lui sont imputés; 2º qu'en raison de sa pesanteur d'esprit, de son organisation défectueuse et de la lenteur de sa conception, sa responsabilité morale est considérablement atténuée.

Cette manière de voir avant été adoptée par le jury et appréciée favorablement par la cour, André Loustau ne fut condamné qu'à une année d'emprisonnement.

Entre la responsabilité et l'irresponsabilité absolues, il existe donc incontestablement des termes moyens sur la valeur desquels l'homme de l'art sera toujours admis à se prononcer, et loin de rencontrer chez les magistrats de l'éloignement pour une solution de cette nature, il y trouvera, au contraire, nous en avons la conviction, l'accueil que réservent les représentants de la justice aux opinions consciencieuses et logiques. L'ivresse, comme la pesanteur d'esprit, obscurcit le libre arbitre; néanmoins on voit les tribunaux repousser ou admettre l'ivresse, invoquée à titre d'excuse, selon les circonstances particulières qui ont présidé à la perpétration du fait incriminé. Si l'individu frappé de *delirium tremens*, ou le dipsomane atteint de manie ébrieuse, sont justement considérés comme aliénés, en revanche l'ivrogne qui prétendrait rejeter uniquement sur la boisson qu'il a sciemment prise avec excès, les méfaits qu'on lui reproche, ne saurait rencontrer la même indulgence, ni rechercher dans le vice de l'ivrognerie l'excuse de sa perversité et de ses autres vices. Un vice ne saurait en excuser un autre, ni à plus forte raison atténuer un délit ou un crime. C'est exclusivement dans l'examen de chaque fait, et dans l'observation rigoureuse de chaque individualité, que doivent être puisés les éléments d'appréciation de la dose de libre arbitre dont chacun jouit. On ne peut, à cet égard, établir de règle fixe et invariable.

En ce qui concerne certains épileptiques susceptibles de conserver leur raison pendant de longues périodes, nous nous associons pleinement à l'opinion si compétente exprimée naguère par M. Baillarger, dans son travail sur la responsabilité des épileptiques, et nous invoquerons en outre, à l'appui de notre thèse, les lignes suivantes extraites d'un récent mémoire de M. J. Falret sur l'état mental de ces malades : « On ne peut les considérer comme aliénés, et partant comme irresponsables, pendant les intermittences souvent très prolongées où ils se conduisent à peu près comme la plupart des hommes. Dans ces circonstances, le degré de leur responsabilité morale ne peut être apprécié d'après des lois générales; on est obligé de se guider sur les faits observés dans chaque cas particulier, et cette appréciation est nécessairement vague et douteuse. Une large part doit donc être faite, dans ces cas, au jugement du médecin. Lorsqu'un épileptique commet un acte violent dans ces conditions (comme cela est arrivé, par exemple, en 1857, à celui qui a tué le médecin de l'asile d'Avignon), le malade peut être considéré, dans certains cas, comme partiellement responsable de son action; il ne reste plus alors au médecin qu'à plaider les circonstances atténuantes, et à demander au tribunal la diminution de la peine. « Pour nous, ces épileptiques doivent être assimilés aux pesants, attendu qu'ils participent dans une certaine mesure à l'insuffisance morale de ces derniers, et que leur intellect, bien qu'exempt de lésion apparente, n'est pas cependant complétement indemne d'altération dans son fonctionnement. Les cas où ils pourraient valablement tester et contracter ne sauraient être déterminés à priori; quant à leur capacité pour contracter mariage, elle nous parait soulever aussi des questions très complexes, et tout en désirant que les unions de ces infortunés soient aussi rares que possible, nous n'oserions conclure avec M. Legrand du Saulle à leur interdiction absolue.

Le pesant est généralement inoffensif et ne constitue pas un danger pour la société. S'il est utile qu'il conserve une tutelle bienveillante, prête tantôt à réprimer ses écarts possibles, tantôt à lui communiquer une spontanéité qui lui manque, c'est principalement à son point de vue et dans l'intérêt de son bien-être personnel. Sa séquestration dans un asile serait un attentat à sa liberté, qu'il n'appartient à personne de lui ravir. Possédant l'intégrité de ses sens, ou bien sourd-muet, le pesant peut, au moyen de l'éducation, acquérir un perfectionnement qui rendra son infériorité morale moins sensible et son existence plus douce. Accessible aux notions les plus vulgaires de la morale et des usages sociaux, susceptible d'affection et de dévouement, il peut quelquefois remplir un rôle sérieux, et éprouver les satisfactions intimes de la vie de famille. C'est là le sort réservé à presque tous ceux que leur insuffisance intellectuelle n'a point fait bannir du cœur de leurs proches, dont le dévouement éclaire leurs démarches et voile leurs imperfections. Nous avons connu un pesant, fils d'un père mort aliéné, oncle d'un neveu idiot, ayant un frère en démence, et cousin de deux jeunes gens dont l'un est traité dans un asile, et dont l'autre a déjà succombé aux suites d'un alcoolisme chronique. Sa seule infirmité physique consistait dans un strabisme divergent. Au moral il était moins bien partagé, ce qui ne l'empêchait pas de diriger, au moins en apparence, une maison commerciale importante qui n'a jamais cessé de prospérer. Mais le goût de la boisson survint tout à coup chez lui avec une intensité tellement irrésistible, qu'il demeura constamment sourd aux observations de sa famille et aux prières de sa femme, dès longtemps avertie du danger qui menaçait son mari. Celui-ci, jeune encore, est aujourd'hui atteint de ramollissement du cerveau et de paralysie générale. Il ne tardera pas à succomber, triste victime de fatales prédispositions héréditaires, dont les conséquences n'ont pu être conjurées par les soins les plus dévoués et les plus attentifs.

L'hérédité a une grande influence sur la production de l'état intellectuel spécial qui fait l'objet de cette étude, et il est fort rare qu'en scrutant avec soin la généalogie du pesant, on ne découvre pas dans ses ascendants ou ses collatéraux quelques tares psychiques.

De cette situation morale à un état pathologique plus accusé, la transition est facile : Il suffit de la cause la plus futile en apparence pour transformer un pesant en un insensé. Nous pouvons donc affirmer sans témérité que les individus de cette catégorie participent tous plus ou moins à cet état qui a été qualifié d'*imminence morbide*.

Pour nous résumer : le libre arbitre des pesants, rarement intact, souvent entravé à des degrés variables, leur laisse néanmoins, dans la plupart des cas, une partie de la responsabilité de leurs actes.

L'appréciation de la responsabilité qui pèse sur eux est une des missions les plus ardues et les plus délicates dévolues au médecin légiste; il ne saurait donc apporter dans son accomplissement trop de soin, de prudence, de tact, et de discernement.

Enfin, c'est dans une éducation appropriée et dans la vigilance d'une tutelle officieuse et surtout affectueuse, que leur infériorité intellectuelle peut trouver, au sein de la société où ils vivent, des garanties efficaces contre le danger de leurs inspirations excentriques et de leurs penchants anormaux.

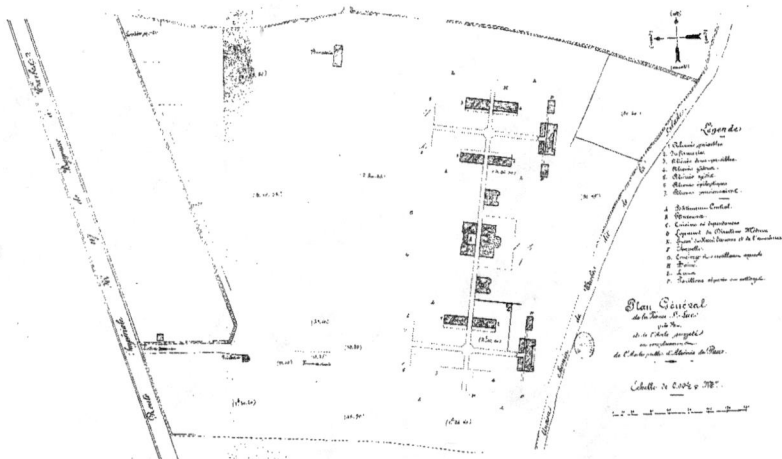

Plan Général
de la Ferme St Anne
près Pau
et de l'École projetée
en continuation
de l'École publique d'Asnières de Pau.

Échelle de 0,002 p. mèt.

www.ingramcontent.com/pod-product-compliance
Lightning Source LLC
Chambersburg PA
CBHW052046270326
41931CB00012B/2648